Klima im Wandel
SII Arbeitsmaterial

TERRA
global

Ernst Klett Schulbuchverlage
Stuttgart Leipzig

Inhalt

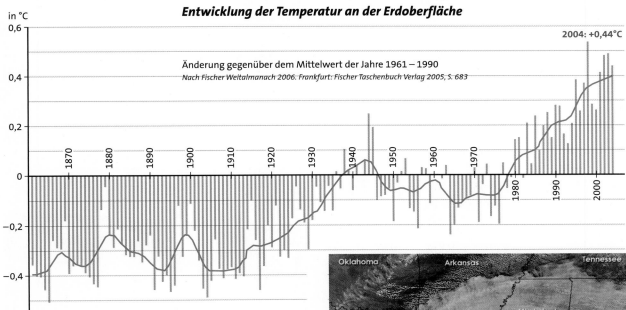

Entwicklung der Temperatur an der Erdoberfläche

in °C

2004: +0,44°C

Änderung gegenüber dem Mittelwert der Jahre 1961 – 1990
Nach Fischer Weltalmanach 2006. Frankfurt: Fischer Taschenbuch Verlag 2005, S. 683

Der globale Klimawandel

Gletscherrückgang in den Alpen

September 2005: Hurrikan Rita

Sommer 2005: Dürre in Amazonien

August 2002: Überflutete Straßen in Dresden-Mitte

3

M 1 *Hoch- und Niedrigwasser an der Elbe*

1 Wetterextreme – kippt das Klima?

↓ **Rekordsommer 2003 und schleichendes „Fieber"**

„Temperaturen von mehr als 40 °C, Rekordniedrigstände an den deutschen Flüssen, Trockenheit und Ernteausfälle von bis zu 40 Prozent – die Hitzewelle dieses Sommers ist bisher ohne Beispiel. Selbst die ‚Jahrhundertsommer' 1983 – 86 oder zuletzt 1994 bleiben hinter den diesjährigen Extremen zurück.

Erstmals in der Geschichte der Wetteraufzeichnungen wurden beispielsweise in Teilen Süddeutschlands an acht aufeinander folgenden Tagen Höchsttemperaturen von mehr als 35 °C gemessen, in Frankfurt meldet die Wetterstation einen Rekord von fast 35 Tagen über der 30 °C-Marke. Ungewöhnlich hoch war auch die Anzahl der so genannten ‚Tropischen Nächte' – Nächte, in denen das Thermometer nicht unter 20 °C sinkt. In Freiburg war dies beispielsweise zehn Nächte lang der Fall.

Wo noch im letzten Jahr Elbe, Donau und ihre Zuflüsse ganze Landstriche in den Fluten versinken ließen, herrscht jetzt Trockenheit. Die Ströme sind zu dünnen Rinnsalen zusammengeschmolzen, in Dresden liegt der Wasserstand der Elbe derzeit fast neun Meter unterhalb des Hochwasserscheitels von Mitte August 2002. Die Binnenschifffahrt ist vielerorts ganz eingestellt oder nur noch eingeschränkt möglich.

Doch nicht nur die Wetterextreme scheinen sich in letzter Zeit zu häufen, auch schleichende Änderungen werden zunehmend sichtbar: Der Frühling beginnt in Deutschland inzwischen durchschnittlich eine Woche früher, der Winter eine Woche später. Im Herbst warten die Zugvögel immer länger mit ihrem Flug in den Süden, einige ziehen inzwischen gar nicht mehr und überwintern stattdessen hier zu lande – die milden Winter machen es möglich.

Die Nordsee erlebt zur Zeit die intensivste Warmphase seit 130 Jahren. Schon seit 24 Monaten liegen die Wassertemperaturen kontinuierlich über den Durchschnittswerten. Meeresforscher des Bundesamtes für Seeschifffahrt und Hydrographie (BSH) registrierten im Juni 2003 zwei Grad höhere Temperaturen als normalerweise in diesem Monat üblich. Die Badetemperaturen an den deutschen Küsten erreichen mit stellenweise mehr als 21 Grad Werte wie sonst nur am Mittelmeer.

In den Alpen schmelzen nicht nur die Gletscher, auch der Permafrost zieht sich in immer größere Höhen zurück. Die Temperaturen in dieser Zone des ‚ewigen Eises' sanken in den letzten 50 Jahren um 0,5 Grad. Als Folge tauen in den Gipfelregionen instabile Geröll- und Gesteinsmassen frei und die Erdrutsch- und Steinschlaggefahr wächst."

http://www.g-o.de/index.php?cmd=focus_detail2&f_id=57&rang=4

M 2 Wetterextreme

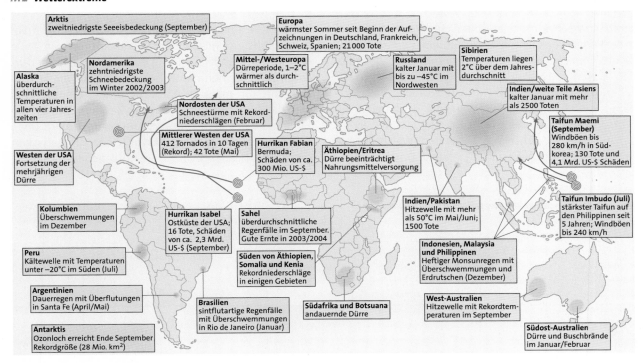

Arktis
zweitniedrigste Seeeisbedeckung (September)

Europa
wärmster Sommer seit Beginn der Aufzeichnungen in Deutschland, Frankreich, Schweiz, Spanien; 21 000 Tote

Nordamerika
zehntniedrigste Schneebedeckung im Winter 2002/2003

Mittel-/Westeuropa
Dürreperiode, 1–2°C wärmer als durchschnittlich

Russland
kalter Januar mit bis zu –45°C im Nordwesten

Sibirien
Temperaturen liegen 2°C über dem Jahresdurchschnitt

Alaska
überdurchschnittliche Temperaturen in allen vier Jahreszeiten

Nordosten der USA
Schneestürme mit Rekordniederschlägen (Februar)

Indien/weite Teile Asiens
kalter Januar mit mehr als 2500 Toten

Mittlerer Westen der USA
412 Tornados in 10 Tagen (Rekord); 42 Tote (Mai)

Hurrikan Fabian
Bermuda; Schäden von ca. 300 Mio. US-$

Äthiopien/Eritrea
Dürre beeinträchtigt Nahrungsmittelversorgung

Taifun Maemi (September)
Windböen bis 280 km/h in Südkorea; 130 Tote und 4,1 Mrd. US-$ Schäden

Westen der USA
Fortsetzung der mehrjährigen Dürre

Kolumbien
Überschwemmungen im Dezember

Hurrikan Isabel
Ostküste der USA; 16 Tote, Schäden von ca. 2,3 Mrd. US-$ (September)

Sahel
überdurchschnittliche Regenfälle im September. Gute Ernte in 2003/2004

Indien/Pakistan
Hitzewelle mit mehr als 50°C im Mai/Juni; 1500 Tote

Taifun Imbudo (Juli)
stärkster Taifun auf den Philippinen seit 5 Jahren; Windböen bis 240 km/h

Peru
Kältewelle mit Temperaturen unter –20°C im Süden (Juli)

Süden von Äthiopien, Somalia und Kenia
Rekordniederschläge in einigen Gebieten

Indonesien, Malaysia und Philippinen
Heftiger Monsunregen mit Überschwemmungen und Erdrutschen (Dezember)

Argentinien
Dauerregen mit Überflutungen in Santa Fe (April/Mai)

Brasilien
sintflutartige Regenfälle mit Überschwemmungen in Rio de Janeiro (Januar)

Südafrika und Botsuana
andauernde Dürre

West-Australien
Hitzewelle mit Rekordtemperaturen im September

Antarktis
Ozonloch erreicht Ende September Rekordgröße (28 Mio. km²)

Südost-Australien
Dürre und Buschbrände im Januar/Februar

Nach Fischer Weltalmanach 2005. Fischer Taschenbuch Verlag: Frankfurt 2004, S. 684–685

Sind diese extremen Wetterereignisse Ausreißer in der Klimastatistik oder spiegeln sie bereits den prognostizierten Klimawandel wider? Nach einer Untersuchung des Frankfurter Universitätsinstituts für Meteorologie und Klimatologie liegt die Wahrscheinlichkeit für einen extrem heißen Sommer wie im Jahr 2003 in Deutschland bei einmal in 450 Jahren.

Können wir bereits an den beobachteten Wetterextremen eine beginnende Klimaänderung erkennen?

Die Klimatologen sind vorsichtig und unterscheiden sehr deutlich das Wetter vom Klima. Beide Begriffe beschreiben unterschiedliche Zustände der Atmosphäre. Unter Wetter versteht man im Allgemeinen sowohl die kurzfristigen Veränderungen der Atmosphäre wie auch ihren augenblicklichen Zustand an einem bestimmten Ort. Mithilfe der Daten von Lufttemperatur, Luftfeuchtigkeit, Bewölkung, Niederschlag, Wind und Verdunstung kann über Modellrechnungen, welche die Vorgänge in der Atmosphäre simulieren, der Verlauf des Wetters für einen kurzen Zeitraum (maximal 5–10 Tage) prognostiziert werden.

„Wettervorhersage für Berlin und die weitere Umgebung für Donnerstag, den 3. 11. 2005:

Am Donnerstag anfangs stark bewölkt mit Regen, später auflockernde Bewölkung und bei schwachem bis mäßigem Südwind Temperaturanstieg auf 16 °C. Nachts wechselnd wolkig, Tiefstwert um 10 °C. Relative Luftfeuchtigkeit 65 bis 99 %.“

http://wkserv.met.fu-berlin.de/Wetter/wetter.htm (Berliner Wetterkarte)

Im Gegensatz dazu bezeichnet der Begriff Klima die Gesamtheit der für einen Raum typischen Wetterabläufe, die über einen längeren Zeitraum, meist mehrere Jahrzehnte, konstant bleiben. Nach den Empfehlungen der Weltmeteorologischen Organisation werden aus den Wetterdaten der letzten 30 Jahre die Klimadaten dieser Station ermittelt. Meist werden dazu die Werte des Niederschlags und der Temperatur verwendet.

M 3 Niederschlags- und Temperaturwerte von Berlin 1961–1990

Monat	J	F	M	A	M	J	J	A	S	O	N	D	Jahr
°C	0	1	4	8	14	17	18	17	14	9	5	1	8,9
mm	43	37	38	42	55	71	53	65	46	36	50	55	591

Software Klimaglobal Klett-Perthes

1 Beschreiben Sie, welche Aussagen die Abbildungen auf Seite 3 zum Klimawandel machen.

2 Stellen Sie am Beispiel der Wettervorhersage und der Klimatabelle die Unterschiede zwischen Wetter und Klima dar.

3 Erläutern Sie, was Wetterextreme über einen Klimawandel aussagen können.

4 Stellen Sie in einer Übersicht Wetterextreme der vergangenen zwei Jahre zusammen.

2 Die Indikatoren des Klimawandels

Temperaturschwankungen sind nichts Neues. So hat es in der Vergangenheit immer wieder sehr drastische Temperaturänderungen gegeben. Insgesamt überwogen in den letzten 500 Millionen Jahren warme Epochen. Eiszeiten waren vergleichsweise kurze Episoden. Die Übergänge zwischen Eiszeit und Warmzeit waren zum Teil sehr drastisch. Innerhalb von nur 1 000 Jahren veränderte sich beim Wechsel von der letzten (Weichsel-) Eiszeit zur aktuellen Warmzeit die globale Durchschnitts-temperatur um ca. 4–5 °C. In ihren Auswirkungen am gravierendsten sind jedoch die Veränderungen am Ende des 20. Jahrhunderts. Die gemessenen Temperaturdaten zeigen einen deutlichen Anstieg für die letzten 140 Jahre um mehr als 0,5 °C. Besonders eindrucksvoll wird die Kurve, wenn man für den Zeitraum der letzten 1 800 Jahre den Temperaturverlauf rekonstruiert. Doch diese Kurve, die so eindrucksvoll einen dramatischen Klimawandel darstellt, ist in die Kritik geraten.

M 1 **Temperaturschwankungen seit dem Kambrium**

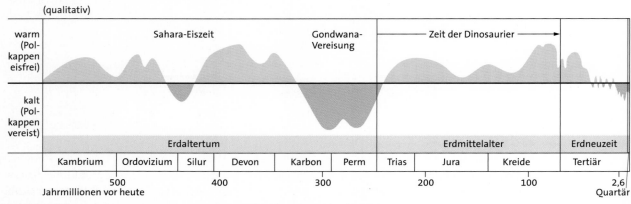

Nach Ulf von Rauchhaupt: Die verflixte Klimakurve. In: Frankfurter Allgemeine Sonntagszeitung, 5.12.2004, Nr.49/Seite 72

2.1 Rekonstruierter Indikator: Die Temperatur der Vergangenheit

M 2 **Die rekonstruierte Temperaturkurve seit 200 n. Chr.**

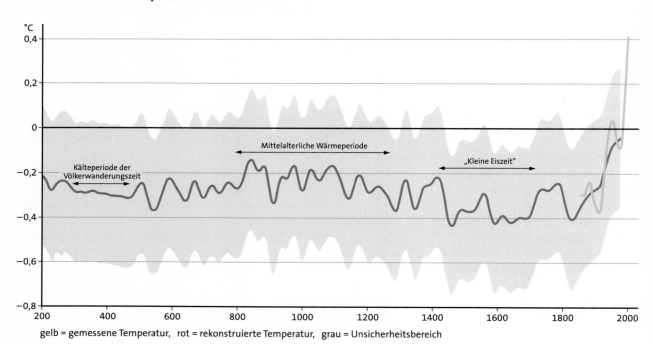

gelb = gemessene Temperatur, rot = rekonstruierte Temperatur, grau = Unsicherheitsbereich

Nach Ulf von Rauchhaupt: Die verflixte Klimakurve. In: Frankfurter Allgemeine Sonntagszeitung, 5.12.2004, Nr.49/Seite 72

Die Klimastatistiker des Instituts für Küstenforschung des GKSS Forschungszentrums in Geesthacht bei Hamburg haben die „Mann'sche Kurve" (M 2) genauer analysiert und sind zu einem bemerkenswerten Ergebnis gekommen:

↓ *„Die verflixte Klimakurve*
Demnach könnten die Temperaturschwankungen schon in vorindustrieller Zeit deutlich stärker geschwankt haben, als die Mann'sche Kurve nahelegt.
Dem Problem liegt der Umstand zugrunde, daß man die Klimageschichte der Erde nicht einfach aus alten Meßprotokollen zusammenstellen kann. Mit der Sammlung halbwegs flächendeckender Klimadaten hat man erst um 1850 herum begonnen, in Europa vereinzelt bereits im 18. Jahrhundert. Für alle Jahrhunderte davor ist man auf Daten angewiesen, aus denen sich Temperaturen indirekt erschließen lassen. Wichtige Quellen für solche sogenannten Proxy-Daten (von lateinisch ‚proximus' für ‚sehr nahe') sind etwa die Jahresringe von Bäumen oder die Wachstumsschichten von Korallen. Möchte man daraus Temperaturen ableiten, muß man wissen, wie sich beispielsweise die Dicke der Jahresringe einer bestimmten Baumart in einer bestimmten Region mit der Durchschnittstemperatur des jeweiligen Jahres ändert. Dazu muß man die Jahresringe eichen oder, wie die Physiker sagen, ‚kalibrieren'. Das bedeutet: Man betrachtet die Schwankungen der Jahresringe in dem Zeitraum, aus dem zuverlässige instrumentelle Daten vorliegen (dem sogenannten Kalibrationszeitraum), und setzt sie zu diesen in Beziehung. Daraus schließt man in einem statistischen Verfahren auf den generellen Zusammenhang von Temperatur und Jahresringdicke ...
*Im einzelnen ist das Verfahren enorm aufwendig, da eine Proxy-Datenreihe für sich zunächst nur einen Temperatur*verlauf für eine bestimmte Region und einen bestimmten Zeitraum liefert, man aber an dem globalen Effekt oder zumindest an dem auf der Nordhalbkugel interessiert ist. Michael Mann und seine Kollegen haben daher Unmengen verschiedener Datenreihen miteinander kombiniert. Hinzu kommt, daß Variationen in den Proxy-Daten nicht allein durch Temperaturänderungen zustande kommen. Die Dicke von Jahresringen wird zum Beispiel auch dadurch bestimmt, wieviel es in dem jeweiligen Jahr in der betroffenen Region geregnet hat – etwas, was nicht allein und nicht direkt mit der jeweiligen Jahresdurchschnittstemperatur zu tun hat. Wegen solcher Effekte sind die Proxy-Daten von zufälligen Schwankungen überlagert; sie sind ‚verrauscht', wie die Statistiker sagen. Dies trägt zu dem erheblichen Unsicherheitsbereich (grau in M 2) bei, den der aus Proxy-Daten rekonstruierte Temperaturverlauf aufweist.*
Doch das Rauschen in den Proxy-Daten bringt noch ein anderes Problem mit sich und das ist es, auf das Storch und seine Kollegen nun hingewiesen haben: Als Folge des statistischen Verfahrens vergrößert das Rauschen nicht nur die Unsicherheit, sondern läßt Schwankungen mit Perioden, die deutlich länger sind als der Kalibrationszeitraum, kleiner ausfallen als sie tatsächlich sind (siehe M 3). Mit anderen Worten: In allen Zeiträumen, aus denen keine direkten Messungen vorliegen – also in allen, die länger zurückliegen als etwa 150 Jahre – wird die Kurve etwas glattgezogen."

Nach Ulf von Rauchhaupt: Die verflixte Klimakurve. In: Frankfurter Allgemeine Sonntagszeitung, 5. 12. 2004, Nr. 49/Seite 72.

1 Stellen Sie dar, wie man die Temperaturwerte der Vergangenheit rekonstruiert.

2 Erläutern Sie, weshalb rekonstruierte Temperaturkurven Unsicherheiten aufweisen.

M 3 Die Rekonstruktion von Klimadaten

Stärke der Klimaschwankung

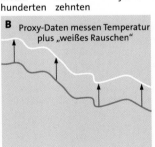
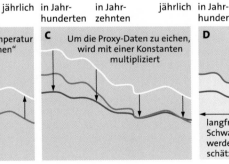
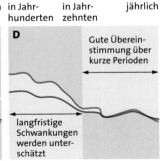

A: Die rote Linie gibt die tatsächlichen gemessenen Temperaturen der Vergangenheit wieder.

B: Wird die Temperatur über Proxy-Daten rekonstruiert, kommt es aufgrund von Schwierigkeiten beim Erfassen der „Proxy-Daten" zu Abweichungen von der gemessenen Temperatur.

C: Um die gewonnenen Proxy-Daten der tatsächlich gemessenen Temperatur anzugleichen, werden sie mit einer Konstanten multipliziert. Diese wird so gewählt, dass die Proxy-Daten möglichst genau mit dem Verlauf der gemessenen Temperatur übereinstimmen.

D: Je weiter die Proxy-Daten zurückrekonstruiert werden, desto größer wird die Ungenauigkeit, da sie nicht mehr so genau geeicht werden können.

Nach Ulf von Rauchhaupt: Die verflixte Klimakurve. In: Frankfurter Allgemeine Sonntagszeitung, 5. 12. 2004, Nr. 49/Seite 72

2.2 Aktuelle Indikatoren des Klimawandels

Da einzelne Wetterereignisse keine Rückschlüsse auf einen globalen Trend zulassen, versuchen die Klimaforscher über die Analyse von regionalen Zeitreihen Aussagen über die Entwicklung des Klimas zu gewinnen. Die dabei gewonnenen Trends beschreiben eine Entwicklung, die in der Vergangenheit stattfand und bis in die Gegenwart reicht. Der Trend kann natürlich auch eine Richtung für die Zukunft andeuten. Zusätzlich gibt eine Vielzahl von Indikatoren Auskunft über den Klimawandel.

Indikatoren 1: Temperatur, Niederschlagstrends und Großwetterlagen

M1 Trends der bodennahen Lufttemperatur (in °C) und Niederschlagssummen (in mm und Prozent), Durchschnitt für Deutschland, für die angegebenen Zeitintervalle, Monate, Jahreszeiten (z. B. Frühling = März, April und Mai) und das Jahresmittel

Monat- bzw. Jahreszeit	Temperatur			Niederschlag		
	1891–1990	1961–1990	1981–2000	1901–2000	1961–1990	1971–2000
Januar	0,78 °C	1,53 °C	1,85 °C	+6,2 mm (10,5 %)	+20,3 mm (33,3 %)	+4,2 mm (6,8 %)
Februar	0,21 °C	0,04 °C	4,59 °C	+8,7 mm (17,6 %)	+6,0 mm (12,1 %)	+31,0 mm (64,4 %)
März	0,52 °C	1,54 °C	0,91 °C	+16,0 mm (31,4 %)	+16,4 mm (29,0 %)	+28,2 mm (47,9 %)
April	0,37 °C	−1,09 °C	1,50 °C	−1,2 mm (2,2 %)	−10,7 mm (18,4 %)	−0,2 mm (0,4 %)
Mai	0,49 °C	1,18 °C	1,15 °C	+7,5 mm (11,5 %)	−18,2 mm (25,5 %)	−5,0 mm (7,5 %)
Juni	0,29 °C	−0,94 °C	1,14 °C	+13,8 mm (17,5 %)	+4,1 mm (4,8 %)	−11,8 mm (14,2 %)
Juli	0,42 °C	0,57 °C	−0,37 °C	−8,3 mm (9,7 %)	−3,5 mm (4,5 %)	+21,5 mm (26,7 %)
August	0,94 °C	1,10 °C	1,13 °C	−12,2 mm (15,3 %)	−22,3 mm (28,8 %)	+0,6 mm (0,9 %)
September	0,99 °C	−0,34 °C	0,04 °C	+2,7 mm (4,2 %)	+14,7 mm (24,1 %)	+22,4 mm (34,9 %)
Oktober	1,45 °C	0,90 °C	0,04 °C	+2,5 mm (4,2 %)	+14,4 mm (25,8 %)	+17,2 mm (28,0 %)
November	1,18 °C	0,20 °C	−0,34 °C	+11,6 mm (18,9 %)	−2,4 mm (0,4 %)	−12,6 mm (19,1 %)
Dezember	0,88 °C	3,27 °C	0,34 °C	+18,4 mm (28,5 %)	+14,3 mm (20,3 %)	+19,3 mm (26,5 %)
Frühling	0,46 °C	0,54 °C	1,19 °C	+22,4 mm (13,0 %)	−12,6 mm (6,8 %)	+23,0 mm (12,9 %)
Sommer	0,55 °C	0,24 °C	0,63 °C	−6,7 mm (2,7 %)	−21,7 mm (9,1 %)	+10,3 mm (4,4 %)
Herbst	1,20 °C	0,25 °C	−0,08 °C	+16,7 mm (9,1 %)	+26,7 mm (14,5 %)	+26,9 mm (14,1 %)
Winter	0,68 °C	1,60 °C	2,15 °C	+33,1 mm (19,1 %)	+39,2 mm (21,9 %)	+64,4 mm (35,2 %)
Jahr (insgesamt)	0,72 °C	0,68 °C	1,06 °C	+65,7 mm (8,5 %)	+33,1 mm (4,2 %)	+114,8 mm (14,6 %)

M2 Häufigkeit der Großwetterlagen mit unterschiedlichen Temperaturbedingungen in Europa, bezogen auf die Station Potsdam

Periode	Sommer – warm	Sommer – kühl	Winter – mild	Winter – kalt
1901–1930	31,6 %	51,0 %	39,3 %	27,1 %
1931–1960	40,4 %	49,3 %	35,8 %	33,3 %
1961–1990	46,7 %	42,3 %	43,1 %	31,2 %

Beide Tabellen: Christian-Dietrich Schönwiese: Jahreszeitliche Struktur beobachteter Temperatur- und Niederschlagtrends in Deutschland. In: F.-M. Chmielewski; Foken, Th. (Hrsg.): Beiträge zur Klima- und Meeresforschung. Selbstverlag der Humboldt-Universität: Berlin und Bayreuth, 2003, S. 59–68

1 Beschreiben Sie die Temperatur- und Niederschlagstrends.
2 Vergleichen Sie Veränderungen bei den Großwetterlagen mit den Temperaturtrends.

Für das Industriezeitalter liegt genügend Datenmaterial vor, um für die Bereiche Temperatur und Niederschlag aussagekräftige regionale Trendanalysen zu erstellen. In einer umfangreichen Studie der Europäischen Umweltagentur wurden europaweit Auswirkungen des Klimawandels untersucht. Dazu wurden für 22 Indikatoren Daten ausgewertet. Für die Klimaelemente Temperatur und Niederschlag werden unterschiedliche räumliche Trends sichtbar.

Exemplarisch zeigt die Analyse von Temperatur- und Niederschlagsdaten, dass der Klimatrend
– zeitlich nicht stabil und
– jahreszeitlich und räumlich unterschiedlich ist.
Deutlich wird jedoch eine beschleunigte Erwärmung an der Erdoberfläche.
Die Autoren der Studie erwarten, dass sich die beobachteten Trends fortsetzen, eventuell sogar verstärken werden.

M 3 *Veränderung in der Anzahl der Sommertage (max > 25 °C) pro Dekade zwischen 1976 und 1999*

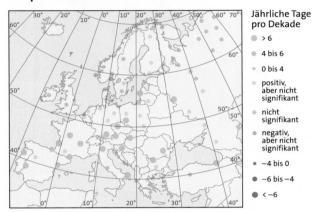

Jährliche Tage pro Dekade
- > 6
- 4 bis 6
- 0 bis 4
- positiv, aber nicht signifikant
- nicht signifikant
- negativ, aber nicht signifikant
- −4 bis 0
- −6 bis −4
- < −6

Nach European Environment Agency: Impacts of Europe's changing climate. Kopenhagen 2004, S. 30

M 4 *Veränderung in der Häufigkeit von niederschlagsreichen Tagen (N > 20 mm) pro Dekade zwischen 1976 und 1999*

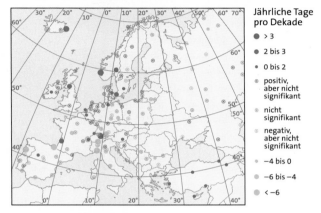

Jährliche Tage pro Dekade
- > 3
- 2 bis 3
- 0 bis 2
- positiv, aber nicht signifikant
- nicht signifikant
- negativ, aber nicht signifikant
- −4 bis 0
- −6 bis −4
- < −6

Nach European Environment Agency: Impacts of Europe's changing climate. Kopenhagen 2004, S. 31

M 5 *Beobachtete Veränderungen verschiedener Temperaturindikatoren*

Ozean	Land	Ozean
untere Stratosphäre	2) **Temperaturabnahme** 0,5 bis 2,5 °C seit 1979	
Troposphäre	**obere Troposphäre** 1) wenig oder keine Änderung seit 1979 **untere bis mittlere Troposphäre** 2) 0,0 bis 0,2 °C Anstieg seit 1979 1) 0,2 bis 0,4 °C Anstieg seit 1960	
bodennah 1) **1990er** das wärmste Jahrzehnt und **1998** das wärmste Jahr des Jahrtausends (Nordhalbkugel) 2) **bodennahe Lufttemperatur (Meer):** 0,4 bis 0,7 °C Anstieg seit dem späten 19. Jahrhundert	2) **Schneebedeckung** Ausdehnung seit 1987 um 10% unter dem Mittel von 1966 – 86 3) **bodennahe Lufttemperatur (Land)** 0,4 bis 0,8 °C Anstieg seit dem späten 19. Jahrhundert	
3) **Meeresoberflächentemperatur** 0,4 bis 0,8 °C Anstieg seit dem späten 19. Jahrhundert 1) **Ozeantemperatur (bis 300 m Tiefe)** Anstieg seit den 1950er Jahren um 0,04 °C pro Jahrzehnt	1) **bodennahe Nachttemperaturen** Anstieg seit 1950 doppelt so stark wie der der Tagestemperaturen 3) **Gebirgsgletscher** massiver Rückgang im 20. Jahrhundert 2) **See- und Flusseis** Rückgang seit dem späten 19. Jahrhundert in mittleren und höheren Breiten (Abnahme der Eisdauer um zwei Wochen)	1) **arktisches Meereis** Abnahme der Dicke um 40% und der Ausdehnung um 10 bis 15% im Frühling und Sommer seit den 1950er Jahren ?) **Antarktisches Meereis** keine signifikante Änderung seit 1978

Wahrscheinlichkeitswerte:
3) sicher (Wahrscheinlichkeit > 99%)
2) sehr wahrscheinlich (š 90%, bis ≤ 99%)
1) wahrscheinlich (> 66% bis < 99%)
?) mittlere Wahrscheinlichkeit (33% bis ≤ 66%)

Nach http://www.hamburger-bildungsserver.de/welcome.phtml?unten = /klima/infothek.htm

3 Beschreiben Sie die Veränderungen der Anzahl der Sommertage und der niederschlagsreichen Tage in Europa.

4 Vergleichen Sie regionale Veränderungen bei der Anzahl der Sommertage mit den Veränderungen bei den niederschlagsreichen Tagen.

Indikator 2: Gletscher

M1 Mer de Glace bei Montanvert (Chamonix) vor 1916 und 2001

Gletscher gelten nach Angaben von Forschern als Schlüsselindikatoren für einen Klimawandel. Bei den außerpolaren Gebirgsgletschern sind aufgrund topographischer Besonderheiten und klimatologisch unterschiedlicher Trends bei Niederschlag und Temperatur unterschiedliche Auswirkungen zu erwarten. Eine Untersuchung in den Hochgebirgen der Erde – in Europa, Nord- und Südamerika, in Afrika und Asien – ergab jedoch insgesamt einen deutlichen Rückgang der Gletscherflächen.

In den Alpen ist der Gletscherschwund besonders gut untersucht: Nach einer Medieninformation der Universität Zürich vom 15.11.2004 verloren die alpinen Gletscher seit Mitte des 19. Jahrhunderts – dem Beginn der Industrialisierung – bis Mitte der 1970er-Jahre im Durchschnitt etwa ein Drittel ihrer Fläche und die Hälfte ihres Volumens. Seitdem sind weitere 20 bis 30 Prozent des Eisvolumens abgeschmolzen. Inzwischen erreicht nach dieser Mitteilung der Schwund eine Größenordnung, die erst für das Jahr 2025 erwartet worden war.

Indikator 3: Phänologie

M 2 Beginn der Hasel-Blüte in Geisenheim 1949 bis 2005

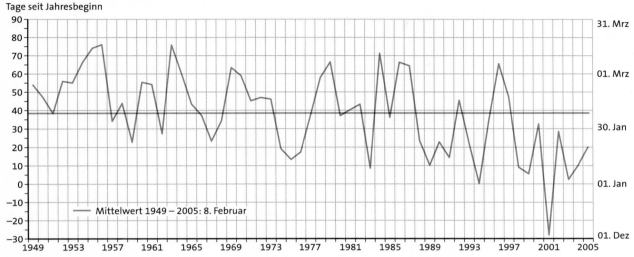

Nach http://www.dwd.de/de/FundE/Klima/KLIS/daten/nkdz/fachdatenbank/datenkollektive/phaenologie/extra/langereihen/geisenheim_diff_2005.gif

In der Phänologie werden die charakteristischen Vegetationsstadien von Pflanzen beobachtet, wie zum Beispiel der Beginn der Blüte einer bestimmten Pflanze. Zeigerpflanze für den Beginn des Vorfrühlings ist die Haselblüte. Diese phänologischen Daten stehen in engem Zusammenhang zum Klima und eignen sich deshalb hervorragend, Rückschlüsse auf klimatische Veränderungen zu ziehen.

Indikator 4: Meeresspiegelanstieg

Der Meeresspiegelanstieg gilt wie auch das Abschmelzen der Gletscher als Indiz einer globalen Erwärmung.

M 3 Anstieg des Meeresspiegels an ausgewählten Stationen zwischen 1825 und 1996

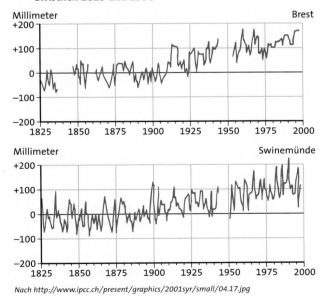

Nach http://www.ipcc.ch/present/graphics/2001syr/small/04.17.jpg

Weitere Indikatoren

Eine ganze Reihe von weiteren Indikatoren bestätigen den Klimawandel. Forscher haben beobachtet, dass
– die vom Eis bedeckte Fläche in der Arktis zwischen 1978 und 2003 um 7 % geschrumpft ist;
– die arktische Eisdicke im Durchschnitt um 40 % abgenommen hat, wenn man die Zeiträume 1958–1976 und 1993–1997 vergleicht;
– seit den späten 90er-Jahren des letzten Jahrhunderts die Oberflächentemperatur der Weltmeere um 0,6 °C zugenommen hat;
– eine Nordverschiebung von bis zu 1000 km bei bestimmten Zooplanktonarten im Bereich der Nordsee stattgefunden hat.

Allen Indikatoren ist gemeinsam, dass die beobachteten Veränderungen
– in der Mitte des 19. Jahrhunderts beginnen,
– sich in ihrer Tendenz verstärken und
– mit einer Erwärmung der Atmosphäre in Beziehung gesetzt werden können.
Nun hat die Erde in ihrer Geschichte viele Klimaänderungen erlebt. Bemerkenswert am beobachteten Klimawandel ist, dass er in seinem Ausmaß alle Klimaänderungen der jüngeren Vergangenheit übertrifft und dass sich der Änderungsprozess beschleunigt.

1 Erklären Sie, weshalb Gletscher wichtige Indikatoren des Klimawandels sind.
2 Stellen Sie in einer Übersicht die beobachteten Trends einer Klimaänderung in Europa zusammen.
3 Formulieren Sie Hypothesen, worauf dieser außergewöhnliche Klimawandel zurückzuführen ist.

2.3 Zweifel am Klimawandel

Gegenwärtig wird die Erdoberfläche um 2 Watt pro Quadratmeter „aufgeheizt", das ist so viel wie zwei elektrische Christbaumkerzen. Das soll die Klimaänderung mit den prophezeiten Katastrophen sein? In unserem Empfinden würde bereits eine kühle Brise vom Meer diese leichte, kaum spürbare Erwärmung im wahrsten Sinne des Wortes wegwehen.

Kein Wunder, dass viele Menschen an der globalen Erwärmung zweifeln. Man hört Argumente wie: „Der letzte Sommer war richtig kühl!", „Die ganze Diskussion um den Treibhauseffekt ist doch nur Panikmache" und anderes.

In der wissenschaftlichen Diskussion werden die Zweifler am Klimawandel als „Klima-Skeptiker" bezeichnet. Was antworten Wissenschaftler auf diese Vorwürfe? In der Süddeutschen Zeitung nahm am 16.2.2005, dem Tag des Inkrafttretens des Kyoto-Protokolls, der Klimaforscher Hartmut Graßl zu den wichtigsten Vorwürfen der „Klima-Skeptiker" Stellung.

↓ *„Warum die Klima-Skeptiker Unrecht haben*
Süddeutsche Zeitung: *Ein paar Grad mehr, was macht das schon? Mit sechs Grad ist der Unterschied zwischen Frankfurt und Mailand größer als die schlimmste denkbare Klimaerwärmung bis 2100.*

Hartmut Graßl: *Als vor 20 000 Jahren der Gardasee ein Alpengletscher war und Hamburg am Inlandeisrand lag, war die Erdoberfläche im Mittel nur vier bis fünf Grad kälter. Einige Grad mittlere globale Erwärmung bedeuten eine fundamentale Veränderung für alle Lebewesen einschließlich des Menschen. Besonders, wenn sich die Temperatur in nur einem Jahrhundert ändert. Bei den früheren Veränderungen über Jahrtausende konnten auch die Vegetationszonen wandern.*

SZ: *Das Kyoto-Protokoll wird die Erwärmung der Erde bis zum Ende des Jahrhunderts nur um 0,04 Grad bremsen. Der Aufwand lohnt sich nicht.*

Graßl: *Nach über 150 Jahren fast ununterbrochen steigender Emission von Treibhausgasen – vor allem Kohlendioxid (CO_2) – kann die Menschheit bei der ersten Begrenzung kaum mehr erreichen als eine Stabilisierung der Emissionsrate. Es ist daher sehr einschneidend, dass für die ökonomisch weiter wachsenden Industrieländer jetzt eine Trendwende völkerrechtlich verbindlich ist. Das Kyoto-Protokoll ist ein erster Schritt. Es wird wohl vor allem wegen seiner neuen Instrumente – wie dem globalen Emissionshandel – in die Geschichte eingehen. Aus der Sicht eines Klimaforschers ist die beschlossene Reduktion der Treibhausgase sicherlich viel zu klein.*

SZ: *CO_2 ist in der Luft nur zu 0,03 Prozent enthalten. Das kann keinen großen Einfluss auf das Weltklima haben.*

Graßl: *Wie die Energie in der Atmosphäre fließt, wird überwiegend von Spurenstoffen – wie Treibhausgasen und Wolkenpartikeln – bestimmt. CO_2 ist nach Wasserdampf eindeutig die Nummer zwei bei den Treibhausgasen: Seine Konzentration hat seit 1850 bereits um 100 Millionstel Anteile (ppm) auf fast 380 ppm zugenommen: Diese Differenz entspricht ungefähr dem Unterschied von der letzten Eiszeit zur gegenwärtigen Warmzeit (190 auf 280 ppm). Die Wirkung der CO_2-Zunahme auf die Wärmestrahlung lässt sich schon direkt messen.*

SZ: *Treibhausgase aus Vulkanen sind viel stärker an der Erwärmung beteiligt als CO_2 aus Schornsteinen und Auspuffen.*

Graßl: *Das stimmt nicht. Die Emission aus Vulkanen ist gering gegenüber dem vom Menschen gemachten CO_2 und auch gegenüber den jährlichen Schwankungen im Wasserkreislauf, die den Wasserdampfanteil prägen. Nur über Zeiträume von vielen Millionen Jahren ist der Vulkanbeitrag entscheidend für die Menge an Wasser und CO_2 gewesen. Wasserdampf ist zudem als wichtigstes Treibhausgas in der Atmosphäre stark temperaturabhängig. Er trägt daher als Verstärker wesentlich zu der in Klimamodellen berechneten mittleren Erwärmung bei.*

SZ: *Die lang- und kurzfristigen Schwankungen der Sonnenaktivität haben viel mehr Einfluss als das CO_2.*

Graßl: *Die Sonne ist der Energielieferant für uns. Ihre Strahlkraft verändert sich über kurze und lange Perioden. So ist die Austrocknung der Sahara dadurch zu erklären, dass sich die Bahn des Planeten verändert hat und deshalb Sonnenenergie zwischen der Nord- und der Südhälfte der Erde umverteilt wird. Auch bei der kleinen Eiszeit vor wenigen Jahrhunderten spielte die Sonne eine wesentliche Rolle. Seit 1979 wird ihre Strahlkraft ausreichend genau von Satelliten gemessen. Außer einer Schwankung um ein Promille im 11-jährigen Zyklus ist keine wesentliche Veränderung beobachtet worden, obwohl in dieser Zeit die stärkste Erwärmung aufgetreten ist, seit wir meteorologische Messreihen besitzen.*

SZ: *Es ist gar nicht gesichert, dass die Meeresspiegel angestiegen sind. Und wenn überhaupt, dann um wenige Millimeter.*

Graßl: Mehrere Gruppen haben aus langfristigen Pegelbeobachtungen an vielen Küsten einen Anstieg des Meeresspiegels für das 20. Jahrhundert errechnet. Sie kommen auf Werte von 1,5 Millimeter (plus/minus 0,8) pro Jahr. Seit 1991 betrug die mittlere Anstiegsrate, die jetzt mit Satellitengeräten und sehr zuverlässigen Pegeln genauer bestimmt wurde, drei Millimeter pro Jahr. Der Meeresspiegel steigt also sogar beschleunigt an.

SZ: Gletscher in Norwegen wachsen, statt zu schrumpfen.

Graßl: Die Bilanz eines Gletschers wird ganz wesentlich von der Schneefallmenge und der Temperatur bestimmt. Weil im westlichen Norwegen die Niederschläge im 20. Jahrhundert um bis zu 40 Prozent zugenommen haben, wachsen einige Gletscher trotz Erwärmung. Ihre Zungen werden länger, und in wenigen Fällen haben sie Bäume begraben. Dennoch beträgt die mittlere Schwundrate der Gebirgsgletscher weltweit circa 40 Zentimeter pro Jahr seit etwa 1985. Die Alpengletscher schrumpfen seit 1990 sogar um 90 Zentimeter pro Jahr.

SZ: Im Mittelalter war es so warm wie heute. Das passiert immer wieder.

Graßl: Klima ist nie stabil, weil die Bahn der Erde um die Sonne variiert, weil Vulkane explodieren oder Himmelskörper einschlagen. Die Erwärmung der vergangenen Jahrzehnte ist aber weder von den beiden heftigsten Vulkanausbrüchen, die gekühlt haben, noch von der Sonne noch von der Ozonabnahme in der Stratosphäre verursacht worden. Mit sehr hoher Wahrscheinlichkeit ist sie Folge des erhöhten Treibhauseffekts. Dass es im Mittelalter einmal ähnlich warm war wie im 20. Jahrhundert, ist kein Argument gegen die genannte Erklärung.

SZ: An vielen Orten der Erde ist die Temperatur während der vergangenen Jahrzehnte gesunken.

Graßl: Bei jeder Klimaänderung verschieben sich auch die mittleren Strömungen in der Atmosphäre und im Ozean. Daher müssen einige Gebiete mit einer Abkühlung rechnen, auch wenn sich die Welt im Mittel erwärmt. Deshalb ist im Seegebiet zwischen Grönland und Island eine leichte Abkühlung aufgetreten.

SZ: Auch die Antarktis kühlt ab.

Graßl: Das stimmt nicht generell. Teile der Antarktis haben sich in den vergangenen Jahrzehnten besonders stark erwärmt, so dass dort Schelfeisgebiete zerfallen sind. Die heftigen Winde im südlichen Ozean um die Antarktis führen zu einer kräftigen Durchmischung des Ozeans, so dass er sich nur gering erwärmt. Daher kommt es auch zu keiner signifikanten Abnahme des Meereises um die Antarktis und einer im Mittel nur geringen Erwärmung der Luft über der Antarktis.

SZ: Zwischen 1940 bis 1970 ist die globale Temperatur gesunken. Da war die Industrialisierung längst im Gange.

Graßl: Die mittlere globale Lufttemperatur in Oberflächennähe war in dem Zeitraum fast konstant. Klimamodelle haben dies genauso nachvollzogen wie den Temperaturverlauf des gesamten 20. Jahrhunderts.

Dazu haben wir sie mit der beobachteten Geschichte des Vulkanismus, der abgeschätzten Aktivität der Sonne, den Schwefelgasemissionen und dem Treibhausgasanstieg gefüttert. Hauptgrund für die Temperaturentwicklung von 1940 bis 1970 war die drastische Zunahme der Lufttrübung. Es gab ein ungehindertes Wirtschaftswachstum, aber noch keine Luftreinhaltepolitik.

SZ: Die Computermodelle der Klimaforscher sind keine Wissenschaft. Dort geht es um theoretische Szenarien und Simulationen, die kaum etwas mit der Realität zu tun haben.

Graßl: Klimamodelle beruhen auf physikalischen Grundgesetzen und fassen unser Wissen über viele Klimaprozesse zusammen. Sie haben, getestet mit Beobachtungsdaten, geholfen, viele Prozesse aufzuklären. Gefüttert mit dem erwarteten Verhalten der Menschheit erlauben sie Szenarienrechnungen der Klimaentwicklung (Was wäre, wenn ...?) für etwa 100 Jahre. Deren Hauptschwäche ist die Unkenntnis über das wirkliche Verhalten der Menschheit.

SZ: Die Unsicherheit in der Prognose der globalen Erwärmung ist zu hoch, um deshalb die Wirtschaft zu knebeln.

Graßl: Szenarien sind keine Prognosen, sondern mögliche Zukünfte. Die Spanne von 1,4 bis 5,8 Grad Celsius wird überwiegend bestimmt von der Unwissenheit über das Verhalten der Menschheit. Werden wir multilaterale Abkommen wie das Kyoto-Protokoll einhalten, wie entwickeln sich die ärmsten Länder, sind wir innovationsfreudig genug für ein radikal verändertes Energieversorgungssystem? Das sind wichtigere Punkte als die Frage, wann die Klimamodelle die mittlere Erwärmung genauer berechnen können."

Kyoto-Protokoll tritt in Kraft. Warum die Klima-Skeptiker Unrecht haben. In: Süddeutsche Zeitung vom 16.2.2005
http://www.sueddeutsche.de/ausland/artikel/865/47818/12/

1 Stellen Sie in einer Übersicht den Behauptungen der Klima-Skeptiker die Ergebnisse der Wissenschaft gegenüber.
2 Nennen Sie mögliche Interessen, von denen die Klima-Skeptiker geleitet sein können.
3 Formulieren Sie für sich eine Position zum Klimawandel.

3 Die Mechanismen des Klimawandels

3.1 Natürliche Ursachen einer Klimaänderung

M 1 Modell der Geosphäre

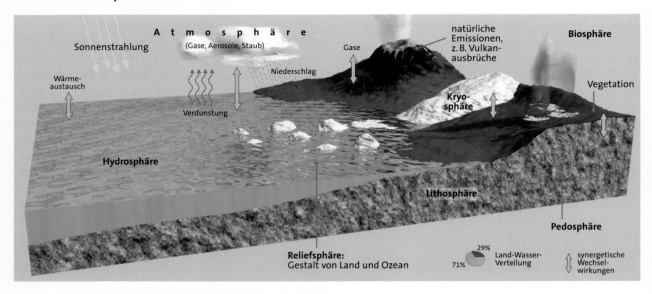

Terra 12/13 Gymnasium Baden-Württemberg. Klett-Perthes: Gotha und Stuttgart 2002, S.13

Ein Blick auf das planetarische Klimasystem lässt erkennen, dass es von vielfältigen Faktoren bestimmt wird, die untereinander in Wechselwirkungen stehen. Wissenschaftler unterscheiden zwischen internen und externen Einflüssen auf das Klima.

Als innere Einflüsse werden die Wechselwirkungen zwischen Atmosphäre, Hydrosphäre, Kryosphäre, Pedosphäre, Lithosphäre und Biosphäre beschrieben.

In den genannten Sphären laufen die einzelnen Prozesse in unterschiedlicher Geschwindigkeit und Intensität ab. Diese Prozesse überlagern sich und beeinflussen das Klima in verschiedenem Ausmaß.

Alle Prozesse wiederum werden von den externen Faktoren beeinflusst. Dazu gehören Sonnenaktivität, Bahn der Erde um die Sonne, Veränderungen im Erdinneren, vulkanische Tätigkeiten, der Einfluss von Meteoriten und vor allem der Klimafaktor Mensch.

M 2 Klimauntersysteme und typische Zeitskalen ihrer Prozesse

Komponente	Prozess	Zeitskala
Atmosphäre	Wetterdynamik in der Troposphäre (etwa 0–10 km)	1–10 Tage
	Wellenbewegung in der Stratosphäre (etwa 10–50 km)	100 Tage bis etwa 2 Jahre
Hydrosphäre (nur Ozeane)	Wärmeausbreitung im oberen Ozean (0–100 m)	Monate
	Durchmischung des tiefen Ozeans	Jahrhunderte bis Jahrtausende
Kryosphäre	Ausdehnung des Meereises	Jahre bis Jahrzehnte
	Aufbau und Schmelzen von Talgletschern	Jahrzehnte bis Jahrhunderte
	Eisströme im Inlandeis	Jahrhunderte
	Aufbau und Zerfall von Permafrost und Inlandeismassen	Jahrzehntausende bis (vermutlich) Jahrmillionen
Biosphäre	Aktivität der Photosynthese	Minuten
	Mineralisation von Biomasse	Monate bis Jahrhunderte
	Änderung in der Zusammensetzung eines Bestandes	Jahrzehnte
	Wandern von Vegetationszonen	Jahrhunderte
Pedosphäre	Erwärmung des Bodens	Tage bis Jahre
	Grundwasserneubildung	Jahre bis Jahrtausende
Lithosphäre	Vertikale Ausgleichsbewegung, Entgasen von CO_2-Wasser etc.	kontinuierlich

Bundesministerium für Bildung und Forschung (BMBF) Referat Öffentlichkeitsarbeit: Herausforderung Klima. Bonn 2003, S.14

Natürliche Ursachen von Klimaänderungen

– **Leuchtkraft der Sonne:** Die Leuchtkraft der Sonne und damit der solare Energiefluss ändert sich auf nahezu allen Zeitskalen. Die Sonne wird, wie sämtliche Sterne, im Laufe ihres Lebens immer heißer, und der solare Energiefluss, der das Klimasystem der Erde erreicht, nimmt stetig zu. Vor etwa 3,5 Milliarden Jahren, als sich das Leben auf unserem Planeten zu entwickeln begann, war der solare Energiefluss etwa 35 % schwächer als heute. ... Der solare Energiefluss einschließlich seiner Schwankungen kann erst in den letzten etwa 20 Jahren von Satelliten aus direkt gemessen werden. Für die Zeit davor werden die solaren Schwankungen aus Beobachtungen der Änderungen der Sonnenflecken oder aus Messungen der kosmogenen Isotope ^{14}C (Kohlenstoff) und ^{10}Be (Beryllium), die sich in verschiedenen Klimaarchiven finden, abgeschätzt. ...

– **Kosmische Partikelstrahlung und Erdmagnetfeld:** ... Bei der Betrachtung der letzten Jahrhunderte und Jahrtausende wird davon ausgegangen, dass die kosmische Partikelstrahlung konstant ist. Allerdings ändert sich der Fluss kosmischer Partikel in die Erdatmosphäre dadurch, dass Intensität und Form des Magnetfeldes der Erde, das die kosmische Partikelstrahlung abschirmt, schwankt. Dies geschieht durch solare Aktivitäten (Sonnenwind) oder durch Vorgänge im Erdinnern, die das Erdmagnetfeld induzieren (letzterer Antrieb müsste daher konsequenterweise dem tektonischen Antrieb zugeordnet werden). Die Klimarelevanz kosmischer Partikelstrahlung wird zurzeit kontrovers diskutiert. ...

– **Asteroiden:** Die Erde wurde im Laufe ihrer Geschichte häufiger von einem Asteroiden getroffen. Der Aufschlag großer extraterrestrischer Körper hinterlässt deutliche Spuren nicht nur in der Erdoberfläche, sondern auch im Klima. Unser Erdsystem scheint allerdings stabil genug zu sein, dass selbst Einschläge größerer Asteroide von mehreren Kilometern Durchmesser, wie zum Beispiel vor gut 65 Millionen Jahren geschehen, nicht sämtliches Leben auf der Erde vernichten und unser Klima lebensfeindlich verändern. Für die gegenwärtige Klimadiskussion spielt dieser Faktor keine Rolle. ...

– **Die Erdbahn um die Sonne:** Dynamisch betrachtet ist die Erde ein rotierender Kreisel, auf den die Anziehungskräfte der Sonne, des Mondes und der größeren Planeten wirken. Da diese Anziehungskräfte nicht im Massenmittelpunkt der Erde angreifen, entstehen Drehmomente, so dass der Erdkreisel taumelt. Dies macht sich durch Schwankungen in der Exzentrizität (Ellipsenförmigkeit) der Erdbahn, der Schiefe der Ekliptik (Neigung der Erdachse gegenüber der durch die Erdbahn um die Sonne aufgespannten Fläche) und der Lage der Äquinoktien (Länge des Winterhalbjahres im Vergleich zum Sommerhalbjahr und Zeitpunkt, an dem die Erde der Sonne am nächsten steht) bemerkbar.

– **Änderung der Erdrotation:** Um die Liste bekannter astronomischer Antriebe zu vervollständigen, sei die Änderung der Erdrotation erwähnt. Die Erdrotation nimmt im Laufe der Erdgeschichte allmählich ab und damit die Tageslänge zu. Vor gut 1 Milliarden Jahre dauerte ein Tag nur etwa 21 Stunden. Die Änderung der Tageslänge beeinflusst die Struktur der großräumigen Zirkulation in der Atmosphäre und im Ozean. Allerdings spielt dieser Effekt nur bei der Betrachtung der sehr langfristigen Klimaentwicklung eine Rolle. ...

– **Plattentektonik:** Langsame Konvektionsbewegungen im Erdmantel führen zu tektonischen Prozessen, wie Kontinentaldrift, Auffaltung von Gebirgen, Änderung des Ausgasens von CO_2, Wasser und anderen Stoffen aus dem Erdinneren. Sie spielen als langsame Prozesse für die langfristige Klimadynamik (zum Beispiel Wechsel zwischen Eiszeitalter und Heißzeiten im Laufe der Jahrmillionen) eine prägende Rolle. ...

– **Vulkanismus:** Für kurzfristige klimatische Einflüsse ist die an tektonische Prozesse gekoppelte Vulkantätigkeit mitverantwortlich. Durch Vulkanaktivität gelangen gasförmige und partikelförmige Spurenstoffe in die Atmosphäre, die den Strahlungshaushalt der Atmosphäre ändern. Die Vulkanaktivität ändert sich unregelmäßig und kann nicht vorausgesagt werden. ...

– **Interne Klimavariabilität und Wechselwirkungsprozesse:** Auch wenn der Klimaantrieb konstant bliebe, wenn sich zum Beispiel die Erde relativ zur Sonne nicht bewegte, entstünde Klimavariabilität, die interne oder freie Klimavariabilität. Ein anschauliches Beispiel für freie Variabilität in einem Laborexperiment ist mit Pfeffer bestreutes Öl in einer heißen Pfanne. Bei geringer Heizung der Pfanne entstehen streifenartige oder wabenförmige Muster. Bei heißerer Pfanne bewegen sich diese Muster schwingungsartig, ohne dass der Antrieb selbst schwanken würde und schließlich entsteht bei hinreichend heißer Pfanne eine turbulente Bewegung; das Öl brutzelt. Die in der Natur beobachteten und rekonstruierten Klimaschwankungen sind im Allgemeinen eine Kombination aus beidem, aus erzwungener und freier Variabilität."

Zusammengestellt nach: Martin Claussen: Klimaänderungen: Mögliche Ursachen in Vergangenheit und Zukunft in Umweltwissenschaften und Schadstofffforschung. In: Zeitschrift für Umweltchemie und Ökotoxikologie, Heft 15, 2003, S. 21–30, Verlagsgruppe Hüthig Jehle Rehm GmbH Unternehmensbereich ecomed Medizin Justus-von-Liebig-Str. 1 86899 Landsberg (+49 81 91/125–0)

1 Stellen Sie in einer Übersicht die astronomischen Einflüsse auf das Klima dar.

2 Informieren Sie sich mithilfe einer Internetrecherche über die Folgen von Vulkanausbrüchen für das Klimageschehen (z. B. Vulkane als Klimamotoren: http://www.quarks.de/dyn/7097.phtml).

3 Erläutern Sie, weshalb sich auch bei konstanten externen Einflüssen das Klima ändern kann.

M 1 *Der Verlauf eines Tiefkühl-Hitze-Zyklus*

Beginn: 770 Millionen Jahre vor heute ➡️ Übergang: 1000 Jahre

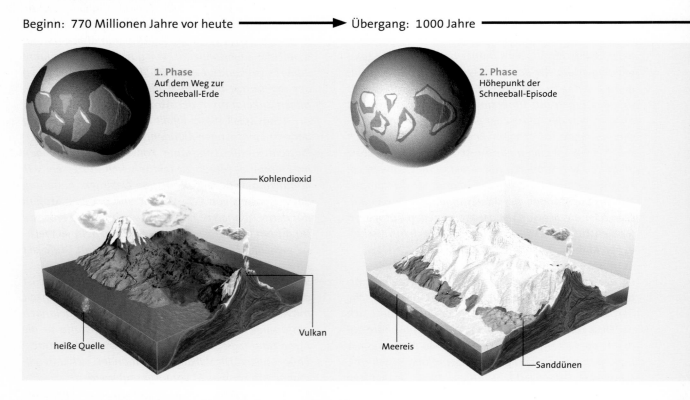

Beispiel 1 Von einer globalen Gefriertruhe zur anschließenden Sauna – ein dramatischer Klimawechsel vor 600 Millionen Jahren

↓ *„Beim Aufbrechen eines riesigen Superkontinents vor 770 Millionen Jahren entstehen zahlreiche kleine Landmassen längs des Äquators. ... Verstärkte Niederschläge waschen mehr wärmespeicherndes CO_2 aus der Atmosphäre aus. ... Infolgedessen sinken die Temperaturen und dicke Eisschichten überziehen die polarnahen Ozeane. Das weiße Eis reflektiert mehr Sonnenstrahlung als das dunkle Meerwasser, so dass die Temperatur weiter sinkt. Diese Rückkopplung löst eine unaufhaltsame Abkühlung aus, durch die innerhalb von 1000 Jahren der ganze Planet zufriert.*

Die globale Mitteltemperatur ist auf −50 Grad Celsius abgesackt. Eine mehr als einen Kilometer mächtige Eisschicht bedeckt die Ozeane, die nur deshalb nicht bis zum Grund durchfrieren, weil weiterhin langsam Wärme aus dem heißen Erdinnern austritt. ... Die kalte trockene Luft verhindert, dass die kontinentalen Gletscher weiter wachsen. ... Ohne Niederschläge wird auch das Kohlenstoffdioxid, das die Vulkane in die Atmosphäre blasen, nicht ausgewaschen. In dem Maße, wie es sich ansammelt, erwärmt sich der Planet, und das Meereis dünnt aus.

3.2 Klimawandel in der Erdgeschichte

Unvorstellbar ist für uns Menschen das Bild einer total vergletscherten Tropenzone. Vor 600 Millionen Jahren herrschte eine globale Eiszeit, die so gewaltig war, dass selbst im Bereich der Tropen mächtige Gletscher die Erdoberfläche bedeckten. Innerhalb weniger Jahrhunderte taute die Erde wieder auf: statt den Temperaturen einer Gefriertruhe herrschen nun Saunatemperaturen. Wie kommen Forscher auf diese Erkenntnis?
Es waren paradoxe Befunde, die die Forscher auf die richtige Spur brachten: In den Felswänden der Skelettwüsten Namibias fanden sie Gletscherschutt. Dieser Schutt war vermischt mit Eisenbändertonen, die in einer sauerstoffarmen Atmosphäre entstanden sein mussten. Über dem Gletscherschutt lagerten sich mächtige Carbonatschichten ab, die sich nur in warmen Flachmeeren gebildet haben konnten.Eine stimmige Erklärung dieser Befunde liefert der beschriebene Verlauf eines Tiefkühl-Hitze-Zyklus (M1).
Die entscheidende Frage ist: Kann uns wieder eine solche Katastrophe drohen? Mit Sicherheit wären dann alle hoch entwickelten Lebensformen auf der Erde gefährdet.

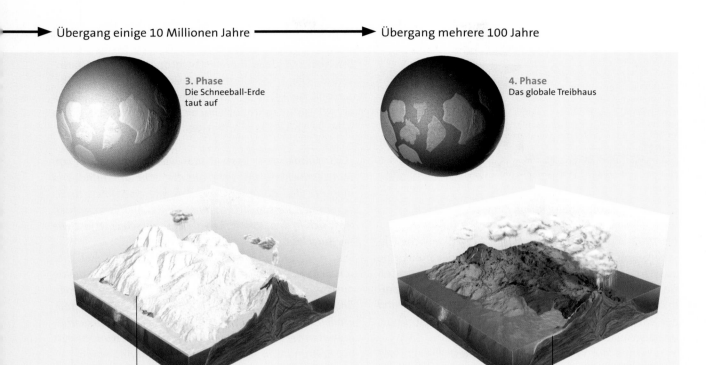

Übergang einige 10 Millionen Jahre ⟶ Übergang mehrere 100 Jahre

3. Phase
Die Schneeball-Erde
taut auf

4. Phase
Das globale Treibhaus

Gletscher

Carbonat-Sedimente

Die normale Ausgasung der Vulkane über einige zehn Millionen Jahre hinweg lässt die Kohlenstoffdioxidkonzentration in der Atmosphäre um das Tausendfache steigen. Der resultierende Treibhauseffekt hebt die Temperaturen am Äquator bis zum Gefrierpunkt an. Bei fortschreitender Erwärmung sublimiert das Meereis; die Feuchtigkeit steigt auf und gefriert in hoch gelegenen Regionen wieder, so dass die kontinentalen Gletscher anwachsen.

Das offene Wasser, das sich in den Tropen bildet, absorbiert viel mehr Sonnenenergie als das Eis und lässt die globalen Temperaturen sehr schnell weiter steigen. Innerhalb von wenigen Jahrhunderten wird die Erde auf diese Weise vom eisigen Schneeball zur glühend heißen Sauna. Als die tropischen Ozeane auftauen, verdunstet Meerwasser und steigert als zusätzliches Treibhausgas die Hitze noch."

Paul F. Hoffmann und Daniel P. Schrag: Als die Erde ein Eisklumpen war. In: Dossier Klima, Spektrum der Wissenschaft 1/2002, S, 38/39

Forscher sehen als entscheidende Ursache der Schneeball-Episode die ungewöhnliche Anordnung der Kontinente in Äquatornähe. Diese damals herrschende Anordnung begünstigte den Tiefkühl-Hitze-Zyklus. Heute dagegen sind die Landmassen anders verteilt: Ausgedehnte Landflächen liegen an bzw. in der Nähe der Pole.

Wenn diese Landmassen wie im Augenblick von Schnee und Eis bedeckt sind, finden dort keine Erosionsprozesse des Gesteins in größerem Umfang statt, die Kohlenstoffdioxid binden. Damit bleibt die Konzentration von Kohlenstoffdioxid in der Atmosphäre hoch. Seine Anwesenheit ist wiederum Voraussetzung für den Treibhaus-

effekt, der zu einer Erhöhung der globalen Oberflächentemperatur führt.

Für den Augenblick kann also Entwarnung gegeben werden. Die Erde ist weit davon entfernt, dass in einer Glazialzeit das Kohlenstoffdioxid vollständig aus der Atmosphäre entfernt wird und damit den Weg freimacht für eine extreme Klimaänderung.

1 Entwerfen Sie ein Wirkungsgefüge des „Tiefkühl-Hitze-Zyklus".

M 1 Eisbohrkernentnahme in Nordgrönland

Beispiel 2 Das instabile Klima der letzten Eiszeit

Als 1992 und 1993 europäische und amerikanische Forscherteams mithilfe aufwändiger Technik Eisbohrkerne aus dem Festlandeis von Grönland entnahmen, wussten sie noch nicht, dass diese Bohrkerne sensationelle Informationen enthielten: Der Temperaturverlauf während der letzten Eiszeit zeigte deutliche Temperatursprünge, war also instabil.

Wie kamen die Wissenschaftler an diese Ergebnisse? Mithilfe dieser Bohrkerne ließ sich die Temperatur während der Eiszeit bestimmen. Dazu verwendeten die Forscher die Methode der Sauerstoffisotopen-Analyse, die auch als geologisches Thermometer bezeichnet wird. Sie geht von der Tatsache aus, dass neben dem normalen Isotop ^{16}O des Sauerstoffs das seltenere Isotop ^{18}O existiert. Dieses besitzt die gleiche Anzahl an Protonen und Elektronen wie das normale Isotop, hat jedoch 2 Neutronen mehr und ist damit schwerer. Diese unterschiedlichen Sauerstoffisotope finden sich in stabilen Wassermolekülen: Unter etwa 1000 Molekülen des Meerwassers finden sich zwei Moleküle, die wegen der ^{18}O-Isotope schwerer sind. Schwerere Wassermoleküle verdunsten bei tiefen Temperaturen langsamer als Wassermoleküle mit normalen ^{16}O-Isotop. Damit steigt in der bodennahen Atmosphäre der Anteil von ^{16}O im Vergleich zu ^{18}O.

Während der Eiszeit fanden sich im Niederschlag über Grönland proportional mehr ^{16}O-Isotope. Im Eis reicherten sich ebenfalls mehr ^{16}O-Isotope an als in Warmzeiten. Die Forscher machen sich nun dieses unterschiedliche $^{16}O/^{18}O$-Verhältnis zunutze. Ist der Anteil an ^{18}O-Isotopen in der Eisschicht hoch, war das Klima wärmer, sinkt dieser Anteil, war das Klima kälter.

↓ *„Das Grönlandeis besteht aus vielen Tausenden von Schneeschichten, die sich Jahr für Jahr anhäufen und langsam den darunter liegenden älteren Schnee zu Eis zusammenpressen. Durch ausgefeilte Analyseverfahren lässt sich in den Bohrkernen die Klimageschichte fast wie ein Buch lesen, jede Schneeschicht eine Seite.*

Die in diesem eisigen Buch aufgezeichnete Geschichte schockierte viele Klimaforscher. Bislang waren sie davon ausgegangen, dass das Klima sich in langsamen Zyklen ändert – etwa den 23 000, 41 000 und 100 000 Jahre dauernden Milankovich-Zyklen, die durch kleine Unregelmäßigkeiten der Erdbahn um die Sonne entstehen und bereits aus Bohrungen in Tiefseesedimenten bekannt waren.

Doch die neuen Daten aus Grönland boten eine zuvor unerreichte zeitliche Auflösung – einzelne Jahre ließen sich, ähnlich wie bei Baumringen, erkennen und abzählen – und sie zeigten erstmals klar und eindeutig abrupte und dramatische Klimasprünge. Die Temperaturen in Grönland hatten sich wiederholt innerhalb weniger Jahre um 8–10 Grad erhöht und waren dann erst nach Jahrhunderten zum normalen kalten Eiszeitniveau zurückgekehrt.

Diese Klimawechsel werden nach ihren Entdeckern Willi Dansgaard aus Kopenhagen und Hans Oeschger aus Bern ‚Dansgaard-Oeschger-Ereignisse‘ (kurz D/O-Event) genannt."

http://www.pik-potsdam.de/~stefan/Publications/Other/rahmstorf_abrupteklimawechsel_2004.pdf

M 2 Die Klimageschichte der letzten großen Eiszeit

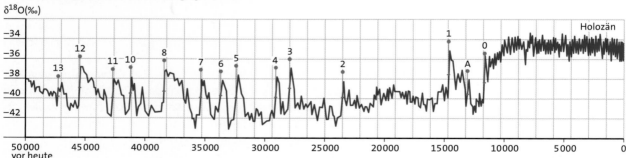

Das Bild zeigt die Rekonstruktion der Temperatur der letzten 50 000 Jahre auf der Basis von Messungen des Sauerstoffisotops 18 im Eis. Die stabile Warmphase der letzten 10 000 Jahre ist das Holozän, die instabile Kaltphase davor ist die zweite Hälfte der letzten großen Eiszeit. Dansgaard-Oeschger-Ereignisse (siehe Erläuterung im Text) sind rot markiert und nummeriert. Die vertikalen Linien haben einen Abstand von 1470 Jahren; die meisten D/O-Ereignisse fallen in die Nähe einer solchen Linie.

http://www.pik-potsdam.de

↓ *„Während der letzten großen Eiszeit, die vor 120 000 Jahren begann und vor 10 000 Jahren endete, gab es mindestens zwanzig abrupte und drastische Klimawechsel. Diese so genannten D/O-Events ... starteten mit einem plötzlichen Temperaturanstieg von sechs bis zehn (nach neueren Forschungen 12) Grad Celsius innerhalb von nur ungefähr zehn Jahren. Die Warmphasen hielten dann für Jahrhunderte an. Dies ist vor allem in den nördlichen Klimaarchiven der Erde dokumentiert, den grönländischen Eisbohrkernen und den Tiefseeablagerungen des Atlantiks. ...*

Eine Erklärung für die D/O-Events zu finden, ist seit ihrer Entdeckung in den achtziger Jahren des vorherigen Jahrhunderts eine der großen Herausforderungen für die Klimatologen. Einen Anhaltspunkt gibt dabei die Regelmäßigkeit dieser Ereignisse: Sie treten meist alle 1500 Jahre auf, manchmal aber auch nur alle 3 000 oder 4 500 Jahre. Ein geheimnisvoller Taktgeber scheint einen Zyklus von 1500 Jahren vorzugeben, doch ab und zu setzt ein Schlag aus. Physiker sind mit einem Mechanismus vertraut, der dieses Phänomen erklären könnte: die stochastische Resonanz. Sie wird erzeugt, wenn drei Voraussetzungen gleichzeitig eintreten: Ein periodischer Taktgeber (in diesem Fall von 1500 Jahren), ‚Rauschen', das heißt in diesem Fall zufällige Schwankungen im Wetter, sowie einen Schwellenwert, an dem das System von einem Zustand in einen anderen springen kann.

Andrey Ganopolski und Stefan Rahmstorf vom Potsdam-Institut für Klimafolgenforschung haben mit einem ausgeklügelten Computermodell des Weltklimas nun zum ersten Mal gezeigt, auf welche Weise stochastische Resonanz die D/O-Ereignisse erzeugt haben könnte.

Mit einer Reihe von Computersimulationen konnten die Forscher bereits im letzten Jahr die räumliche und zeitliche Ausdehnung der D/O-Events und ihren Zusammenhang mit den herrschenden Strömungsverhältnissen im Atlantik nachvollziehen. Demnach schnellten die Temperaturen innerhalb der letzten Eiszeit immer dann in die Höhe, wenn der warme Golfstrom über Island hinaus bis ins Europäische Nordmeer vordrang. Um das Strömungssystem in diesen Zustand zu bringen, reichten kleinste Störungen aus. Das System befand sich damals offenbar dicht an der Schwelle, wo es von seinem kalten Grundzustand in einen warmen kippen konnte – die D/O-Events traten ein. Da dieser warme Strömungszustand aber instabil war, gingen die Warmphasen nach einigen Jahrhunderten von selbst vorüber."

Weitere Forschungen sind notwendig, um den periodischen Taktgeber und auch den Schwellenwert zu identifizieren.

1 *Stellen Sie den Ablauf des eiszeitlichen Klimawechsels in einem Fließdiagramm dar.*

M 3 *Eiszeitliche Strömungsmuster im Atlantik*

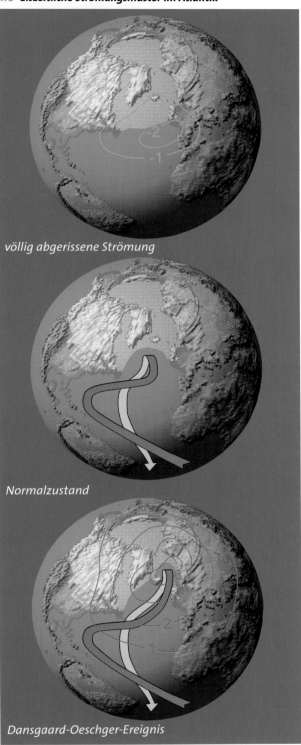

völlig abgerissene Strömung

Normalzustand

Dansgaard-Oeschger-Ereignis

Stefan Rahmstorf, Potsdam

Die Simulation der eiszeitlichen Strömungsverhältnisse im Atlantik ergab drei Zustände. Beim vorherrschenden stabilen, kalten Zustand strömte warmes tropisches Wasser nur bis in mittlere Breiten (Mitte). Bei einer plötzlichen Erwärmung drang es dagegen – wie heute – bis ins Nordmeer vor (unten; Temperaturabweichungen in Grad Celsius). Die Strömung könnte aber auch völlig abreißen (oben). Die gezeigte Ausdehnung des Inlandeises beruht auf geologischen Daten und wurde bei den Computersimulationen vorgegeben.

3.3 Ursachen des aktuellen Klimawandels

M 1 CO$_2$-Konzentration und der Temperaturverlauf

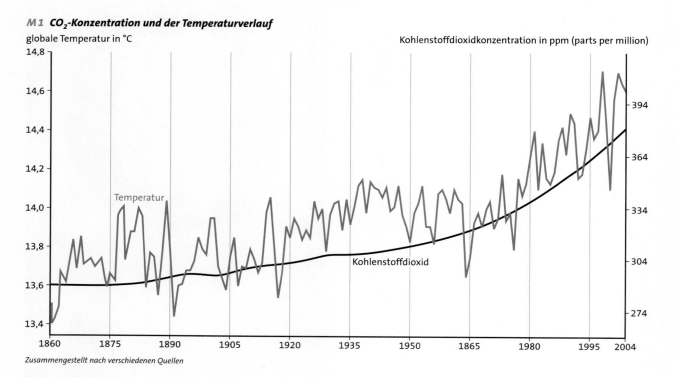

globale Temperatur in °C

Kohlenstoffdioxidkonzentration in ppm (parts per million)

Zusammengestellt nach verschiedenen Quellen

Was ist die Ursache des aktuellen Klimawandels? Vergleicht man den Temperaturverlauf an der Erdoberfläche und die CO$_2$-Konzentration in der Atmosphäre während der letzten 140 Jahre, lässt sich eine deutliche Parallelität beider Kurven feststellen. Ist also die Erhöhung der Kohlenstoffdioxid-Konzentration in der Atmosphäre die Ursache des Klimawandels? Das Kohlenstoffdioxid zählt zu den Gasen in der Atmosphäre, die als Treibhausgase wirken.

Meist wird der Treibhauseffekt heute mit dem bedrohlichen Klimawandel und vor allem mit einer globalen Erwärmung in Verbindung gebracht, obwohl er zunächst einmal die entscheidende Lebensgrundlage auf unserem Planeten ist. Denn ohne den natürlichen Treibhauseffekt läge die Durchschnittstemperatur auf unserem Planeten bei −18 °C statt +14 °C und das für alle Lebensprozesse wichtige Wasser läge nicht in flüssiger Form sondern als Eis vor.

Wie aber entsteht dieser natürliche Treibhauseffekt?

Natürlicher Treibhauseffekt

Wichtigste Energiequelle für die Erde ist die Sonne. Nur etwa 2 Milliardstel der Sonnenstrahlung erreicht die Erde. Aufgrund der großen Entfernung der Erde zur Sonne (ca. 150 Millionen km) fallen die Sonnenstrahlen annähernd parallel ein. An der Obergrenze der Atmosphäre beträgt die Energiemenge 1 376 W/m^2. Dieser Wert wird als Solarkonstante bezeichnet. Das Energiesystem Sonne-Atmosphäre-Erdoberfläche befindet sich in seiner Strahlungsbilanz insgesamt in einem

Gleichgewicht: Einstrahlung und Ausstrahlung müssen für dieses System gleich groß sein. Ist dies nicht der Fall, kommt es zur Erwärmung oder Abkühlung.

Innerhalb dieses Systems wird die ankommende kurzwellige Strahlung in langwellige Wärmestrahlung umgewandelt. Während kurzwellige Strahlung die Atmosphäre gut verlassen kann, wird die langwellige Strahlung von Wolken und der Atmosphäre absorbiert oder als Gegenstrahlung zur Erdoberfläche abgestrahlt. Für die Strahlungsbilanz dieses Systems sind verschiedene Faktoren maßgeblich. Die Gase der Atmosphäre absorbieren und emittieren die Strahlung in derselben Wellenlänge. Im kurzwelligen Bereich absorbieren Sauerstoff und insbesondere Ozon die Wellenlängen unter 0,3 μm vollständig. Der Hauptanteil der Absorption im langwelligen Bereich wird durch H$_2$O und CO$_2$ erbracht. Die Erdoberfläche reflektiert einen Teil der ankommenden kurzwelligen Strahlung. Der größere Teil der kurzwelligen Strahlung wird von der Erdoberfläche absorbiert und als langwellige Strahlung wieder in die Atmosphäre abgegeben. Diese Strahlung verlässt die Erde jedoch nicht sofort, sondern wird zu einem Teil durch Wasserdampf, Kohlenstoffdioxid und Ozon absorbiert. Die aufgenommene Strahlungsenergie erwärmt die Luft. Der andere Teil wird als Gegenstrahlung wieder zur Erdoberfläche reflektiert. Damit bleibt in der unteren Atmosphäre zunächst mehr Energie, die erst nach und nach abgegeben wird. Wie in einem Treibhaus führt dies zu einer Erwärmung. Man nennt diesen Effekt deshalb auch Treibhauseffekt.

M 2 Strahlungshaushalt der Atmosphäre: Globale Jahresmittel der Energiebilanz in Prozent der einfallenden extraterrestrischen Strahlung

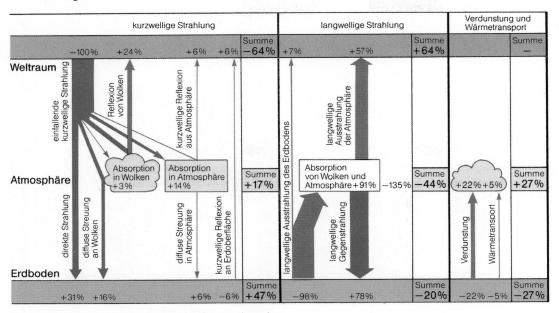

Nach Fundamente Kursthemen: Physische Geographie, Klett, S. 51, Klett Gotha

M 3 Beitrag von natürlichen Spurengasen der Atmosphäre zum natürlichen Treibhauseffekt

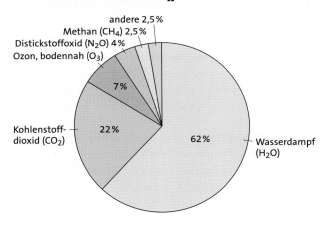

Nach Bundesministerium für Bildung und Forschung (BMBF) Referat Öffentlichkeitsarbeit: Herausforderung Klima. Bonn 2003, S. 16/17

↓ *„Die eigentlichen Verursacher des Treibhauseffekts sind eine Reihe von Spurengasen wie Wasserdampf (H_2O), Kohlendioxid (CO_2), Methan (CH_4), Distickstoffoxid (N_2O), Ozon (O_3) u. a., deren Anteil an der Gesamtmasse der Atmosphäre zusammen weniger als 1 % ausmacht. Das wichtigste natürliche Treibhausgas ist Wasserdampf, das für fast zwei Drittel des natürlichen Treibhauseffekts verantwortlich ist. Es absorbiert in breiten Spektralbereichen um 3 µm, 5 µm und 20 µm nahezu vollständig. Es lässt aber in anderen Wellenlängenbereichen wie um 4 µm und um 10 µm die Infrarotstrahlung nahezu ganz passieren. In diesen Spektren setzen die anderen Treibhausgase an. So absorbiert das zweitwichtigste natürliche Treib-*

hausgas, das Kohlendioxid, gerade um 4 µm und 15 µm. Ozon, Distickstoffoxid und Methan füllen weitere Lücken des Wellenlängenspektrums.

Neben den Treibhausgasen sind Aerosole (Das atmosphärische Aerosol ist definiert als die Gesamtheit aller in einem Luftvolumen befindlichen Partikel unterschiedlichster Form, Textur, chemischer Zusammensetzung und Größe.) für das Klimasystem von Bedeutung. Sie gelangen direkt, beispielsweise durch Sandstürme oder bei Vulkanausbrüchen, in die Atmosphäre. Sie werden auch aus gasförmigen Vorläufersubstanzen in der Atmosphäre gebildet. Aerosole beeinflussen das Klimasystem sowohl direkt aufgrund ihrer Wechselwirkung mit der Strahlung als auch indirekt aufgrund ihrer Rolle als Wolkenkondensationskerne. Optische Eigenschaften und die Fähigkeit einzelner Partikel, als Wolkenkondensationskern aktiviert zu werden, sind durch Partikelgröße, chemische Zusammensetzung und der Menge des am Aerosol gebundenen Wassers bestimmt. Beispielsweise Schwefelaerosol absorbiert kaum im sichtbaren Spektralbereich, so dass Streuvorgänge dominieren. Diese Reflektion von Solarstrahlung bedeutet eine Abkühlung des Systems Erde-Atmosphäre. Dahingegen führt die Absorption von Solarstrahlung durch Rußaerosol zu einer Erwärmung der Atmosphäre."

Bundesministerium für Bildung und Forschung (BMBF) Referat Öffentlichkeitsarbeit: Herausforderung Klima. Bonn 2003, S. 16/17

1 Vergegenwärtigen Sie sich das Betreten eines Treibhauses im winterlichen Sonnenschein. Oder das Einsteigen in ein Auto im Hochsommer. Erläutern Sie jeweils die thermischen Vorgänge und vergleichen Sie diese mit denen in der Atmosphäre.

M1 Emissionsquellen von Treibhausgasen

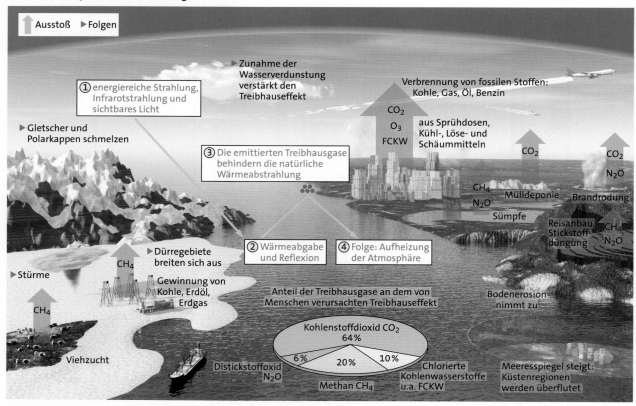

Nach http://www.faz.net/imagecache/%7BAF82B7AB-1823-4B3F-A73E-3BD520B74984%7Dpicture.gif

Der anthropogen verstärkte Treibhauseffekt

Auch wenn es die Experten noch vorsichtig formulieren: Der Einfluss des Menschen auf das globale Klima mit der Folge einer deutlichen globalen Erwärmung ist nicht zu leugnen. Modellsimulationen, welche sowohl die natürlichen wie auch die anthropogenen Ursachen einer Temperaturabweichung berücksichtigen, zeigen recht deutlich, dass der Temperaturanstieg der letzten 30 Jahre eine Folge des anthropogenen Einflusses ist. Unstrittig ist, dass sich durch menschliche Aktivitäten die Konzentration von CO_2 und anderen Gasen in der At-

mosphäre deutlich erhöht hat. Der schwedische Nobelpreisträger Svante Arrhenius postulierte bereits 1896, dass eine Verdopplung des CO_2-Gehalts in der Atmosphäre zu einem Temperaturanstieg von 4–6 °C führen könnte.

Die Wissenschaftler können heute sehr genau den klimawirksamen Anteil eines Treibhausgases berechnen. Die Emissionsmenge, das relative Treibhauspotenzial und die atmosphärische Verweilzeit bestimmen den Anteil der einzelnen Gase am gesamten zusätzlichen Treibhauseffekt.

M2 Anthropogene Treibhausgase

	Kohlendioxid	Methan	Distickstoffoxid	FCKW-11
Vorindustrielle atmosphärische Konzentration	ca. 280 ppmv[1]	ca. 700 ppbv[1]	ca. 275 ppbv	0
Konzentration im Jahr 2000	369 ppmv	1753 ppbv	314 ppbv	265 pptv[1]
Anthropogene Emissionen pro Jahr[2]	26 GT	600 Mt	16,4 Mt	[3]
Konzentrationszunahme pro Jahr[4]	1,5 ppmv	7,0 ppbv	0,8 ppbv	−1,4 pptv
Mittlere Verweilzeit in Jahren	50–200	12	114	45
Relatives Treibhauspotenzial[5]	1	23	296	4600

1) Volumenmischungsverhältnisse in Einheiten von 10^{-6} (parts per million [ppmv]), 10^{-9} (parts per billion [ppbv]) und 10^{-12} (parts per trillion [pptv])
2) Zeitraum 1990–1999
3) Die Emissionen von FCKW-11 sind aufgrund des Montrealer Protokolls seit 1990 stark rückläufig.
4) Für den Zeitraum 1990–1999, für FCKW-11 seit Mitte der neunziger Jahre
5) Relatives molekulares Treibhauspotenzial gemessen an der Treibhauswirkung von CO_2 (= 1) über 100 Jahre.

Bundesministerium für Bildung und Forschung (BMBF) Referat Öffentlichkeitsarbeit: Herausforderung Klimawandel. Bonn 2003, S. 18

„Die Wirksamkeit von Klimagasen

Die Wirksamkeit der anthropogenen Beiträge hängt unter anderem davon ab, wie stark die jeweiligen Absorptionsbanden der natürlichen Treibhausgase bereits gesättigt sind. Bei einigen anthropogenen Treibhausgasen sind die natürlichen Absorptionsbanden nur bis zu einem geringen Grad bzw. gar nicht gesättigt wie bei den FCKWs. Die Folge ist, dass ein zusätzliches Molekül dieser Gase eine wesentlich höhere Treibhauswirkung hat als ein zusätzliches CO_2-Molekül. So besitzt etwa ein Methan-Molekül das 23-fache und ein FCKW11-Molekül das 4600-fache Treibhauspotenzial eines CO_2-Moleküls. Neben den Strahlungseigenschaften hängt die Wirkung der Treibhausgase im Klimasystem auch von der Verweilzeit der Treibhausgase in der Atmosphäre ab. Das durch menschliche Aktivitäten in die Atmosphäre emittierte Kohlendioxid wird durch die Bildung von Biomasse und die Lösung von CO_2 im Ozean wieder aus der Atmosphäre entfernt. Aufgrund der Dynamik der genannten Prozesse kann die Verweildauer des anthropogenen Kohlendioxids nur näherungsweise angegeben werden. Nach gegenwärtigen Abschätzungen liegt sie im Bereich von 50 bis 200 Jahren. Demgegenüber wird etwa die atmosphärische Lebensdauer von Methan fast ausschließlich durch die Oxidation mit OH in der Atmosphäre kontrolliert, woraus ein mittlerer Verbleib in der Atmosphäre von 12 Jahren resultiert. Die lange Verweilzeit von Distickstoffoxid von 114 Jahren erklärt sich daraus, dass dieses Treibhausgas hauptsächlich durch Photolyse in der Stratosphäre entfernt wird."

Bundesministerium für Bildung und Forschung (BMBF) Referat Öffentlichkeitsarbeit.
Herausforderung Klima. Bonn 2003 S. 15 ff

Eine ausgeglichene Strahlungsbilanz ist Voraussetzung für ein stabiles Klima. Das Gleichgewicht zwischen eingestrahlter Energie von der Sonne und abgestrahlter Energie von der Erde muss stabil sein. Als Strahlungsantrieb bezeichnen Wissenschaftler die Faktoren, welche dieses Gleichgewicht verändern. Ein erhöhter Strahlungsantrieb bedeutet, dass in der Troposphäre die vertikale Nettoeinstrahlung (angegeben in Watt pro Quadratmeter) zum Beispiel durch eine Konzentration von CO_2 oder anderen Gasen verändert wurde. Nimmt der Strahlungsantrieb zu, versucht sich das Klimasystem auf einem höheren Temperaturniveau einzupendeln. Ist der Strahlungsantrieb negativ, gibt es eine Abkühlung.

Das wissenschaftliche Verständnis des Strahlungsantriebs ist für die langlebigen Treibhausgase sehr groß.

Der Einfluss der Aerosole auf den Strahlungsantrieb ist im Augenblick wissenschaftlich schwer abzuschätzen. Nach dem gegenwärtigen Stand der Forschung tragen die Aerosole sowohl zu einer Erwärmung wie auch zu einer Abkühlung durch eine verstärkte Wolkenbildung bei.

1 Erläutern Sie, wie die Emission von CO_2 aus fossilen Brennstoffen den Treibhauseffekt verstärkt.

2 Stellen Sie in einem Wirkungsgeflecht die Rolle der Treibhausgase und Aerosole beim anthropogen verstärkten Treibhauseffekt dar.

M 3 **Veränderung des mittleren globale Strahlungsantriebs des Klimasystems im Jahr 2000 im Vergleich zu 1750**

Strahlungsantrieb (W/m²)

langlebige Treibhausgase
FCKW
N_2O
CH_4
CO_2
Ozonveränderungen
troposphärisches O_3
stratosphärisches O_3
Aerosole
Ruß-Partikel
Sulfataerosole
organische Aerosole
mineralischer Staub
Aerosole aus Biomassenverbrennung
indirekter Aerosol-Effekt
Flugzeuge
Kondensstreifen
Cirruswolken
Landnutzung (Albedo)
solar

Lesebeispiel:
Im Vergleich zum Jahr 1750 hat der Strahlungsantrieb (gemessen in Watt pro m²) durch langlebige Treibhausgase um etwa 2,4 W/m² zugenommen.

Schwankungsbereich der Daten

Nach http://www.hamburger-bildungsserver.de/welcome.phtml?unten =/klima/ipcc2001/forcing-1.html

4 Wie wird das Klima der Zukunft?

Wie wird unser Klima in der nächsten Zukunft aussehen? Werden wir in Deutschland Palmen an der Elbe bei Hamburg wachsen sehen oder herrscht in Norddeutschland sibirische Kälte? Das Klima der Zukunft ist nicht nur für Wissenschaftler von großem Interesse, sondern auch für die Gesellschaft und Wirtschaft. Wie also wird das Klima der Zukunft? Die Klimatologen entwerfen mit den leistungsfähigsten Großrechnern hochkomplexe Szenarien, die im Modell versuchen, alle bekannten physikalischen Prozesse und Wechselwirkungen zu berücksichtigen. Diese sind allerdings keine Prognosen über die zukünftige Klimaentwicklung, sondern nur ein Spektrum von Annahmen unter bestimmten Bedingungen. Das Intergovernmental Panel on Climate Change (Zwischenstaatlicher Ausschuss für Klimaänderung/IPCC) in Bonn hat seine Szenarien in Modellfamilien zusammengefasst.

4.1 Mögliche Änderungen des globalen Klimas

Extreme Wetterereignisse und einen beschleunigten Klimawandel prophezeien die jüngsten Ergebnisse der Klimaforscher. Nach den Berechnungen der Klimatologen werden die Sommer in Mitteleuropa trockener und wärmer. Gleichzeitig können aber auch sintflutartige Regenfälle im Sommer Normalität werden. Im Winter wird es im deutschen Flachland nach diesen Prognosen 2050 keinen Schnee mehr geben.

Die Wissenschaftler des Max-Planck-Institutes für Meteorologie und der Gruppe „Modelle und Daten" am Deutschen Klimarechenzentrum (DKRZ) haben in Modellrechnungen den Zustand und die zu erwartenden Änderungen des Klimas für den Anfang 2007 erscheinenden Sachstandsbericht des „Zwischenstaatlichen Ausschusses für Klimawandel der Vereinten Nationen" (IPCC) zusammengefasst.

Die Simulationen können nach Angaben des DKRZ so charakterisiert werden:
– *„Rekonstruktion eines ‚ungestörten' vorindustriellen Klimazustands*
– *Klimaentwicklung seit Mitte des 19. Jahrhunderts unter Vorgabe beobachteter atmosphärischer Spurenstoffkonzentrationen (Treibhausgase und Aerosole)*
– *Szenarienexperimente zum Klimawandel basierend auf unterschiedlichen Annahmen über die zukünftigen Konzentrationen atmosphärischer Spurenstoffe*
– *Sensitivitätsexperimente, in denen eine jährliche Zuwachsrate der CO_2-Konzentration von 1% angenommen wird."*

http://www.dkrz.de/dkrz/news/IPCC_AR4

M 1 *„Die Emissions-Szenarien des IPCC-Sonderberichtes (SRES)*

A 1. Die A 1-Modellgeschichte bzw. -Szenarien-Familie beschreibt eine zukünftige Welt mit sehr raschem Wirtschaftswachstum, einer Mitte des 21. Jahrhunderts kulminierenden und danach rückläufigen Weltbevölkerung, und mit rascher Einführung neuer und effizienterer Technologien. Wichtige grundlegende Themen sind Annäherung von Regionen, Entwicklung von Handlungskompetenz sowie zunehmende kulturelle und soziale Interaktion bei gleichzeitiger substanzieller Verringerung regionaler Unterschiede der Pro-Kopf-Einkommen. Die A 1-Szenarien-Familie teilt sich in drei Gruppen auf, die unterschiedliche Ausrichtungen technologischer Änderungen im Energiesystem beschreiben. Die drei A 1-Gruppen unterscheiden sich in ihrer technologischen Hauptstoßrichtung: fossil-intensiv (A 1 FI), nichtfossile Energiequellen (A 1 T) oder eine ausgewogene Nutzung aller Quellen (A 1 B) (wobei ausgewogene Nutzung definiert ist als eine nicht allzu große Abhängigkeit von einer bestimmten Energiequelle und durch die Annahme eines ähnlichen Verbesserungspotenzials für alle Energieversorgungs- und -verbrauchstechnologien).

A 2. Die A 2-Modellgeschichte bzw. -Szenarien-Familie beschreibt eine sehr heterogene Welt. Das Grundthema ist Autarkie und Bewahrung lokaler Identitäten. Regionale Fruchtbarkeitsmuster konvergieren nur sehr langsam, was eine stetig zunehmende Bevölkerung zur Folge hat. Die wirtschaftliche Entwicklung ist vorwiegend regional orientiert und das Pro-Kopf-Wirtschaftswachstum und technologische Veränderungen sind bruchstückhafter und langsamer als in anderen Modellgeschichten.

B 1. Die B 1-Modellgeschichte bzw. -Szenarien-Familie beschreibt eine sich näher kommende Welt, mit der gleichen, Mitte des 21. Jahrhunderts kulminierenden und danach rückläufigen Weltbevölkerung wie in der A 1-Modellgeschichte, jedoch mit raschen Änderungen der wirtschaftlichen Strukturen in Richtung einer Dienstleistungs- und Informationswirtschaft, bei gleichzeitigem Rückgang des Materialverbrauchs und Einführung von sauberen und ressourceneffizienten Technologien. Das Schwergewicht liegt auf globalen Lösungen für eine wirtschaftliche, soziale und umweltgerechte Nachhaltigkeit, einschließlich besserer sozialer Gerechtigkeit, aber ohne zusätzliche Klimainitiativen.“

Dritter Wissensstandsbericht des IPCC (Hrsg.): ProClim – Forum für Klima und Global Change: Schweizerische Akademie der Naturwissenschaften, Bern, 2002, S. 60

1 Erklären Sie, weshalb die Zunahme der CO_2-Konzentration in der Atmosphäre im Szenario B 1 geringer ist als beim Szenario A 2 (M 1).

2 Stellen Sie den Zusammenhang zwischen einer Erhöhung der CO_2-Konzentration und dem Anstieg des Meeresspiegels dar.

M 2 *Klimaänderungsszenarien*

Zunahme der CO_2 -Konzentration
CO_2 Konzentration (ppmv)

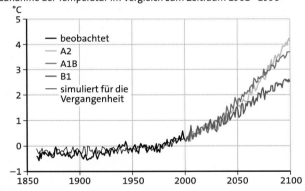

Zunahme der Temperatur im Vergleich zum Zeitraum 1961–1990
°C

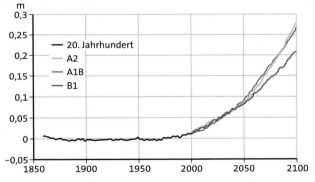

Anstieg des mittleren globalen Meeresspiegels im Vergleich zum Zeitraum 1961–1990
m

Mittlere jährliche Meereisfläche der nördlichen Hemisphäre
Mio. km²

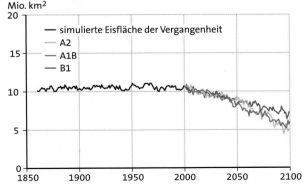

Nach http://www.dkrz.de/dkrz/science/IPCC_AR4/IPCC_Background

M 1 *Beispiele von Auswirkungen, die sich aus den abgeschätzten Änderungen der extremen Klimaereignisse ergeben*

„Abgeschätzte Änderungen der extremen Klimaphänomene während des 21. Jahrhunderts und ihre Wahrscheinlichkeit	Repräsentative Beispiele von abgeschätzten Auswirkungen (alle mit hohem Vertrauen bezüglich des Auftretens in einigen Gebieten)
Einfache Extreme	
Höhere Maximaltemperaturen; mehr heiße Tage und Hitzewellen über fast allen Landmassen (sehr wahrscheinlich)	– Zunahme von Todesfällen und ernsthafter Krankheit bei älteren Altersgruppen und städtischen Armen – Verstärkter Hitzestress für Vieh und Waldtiere – Verschiebung von Touristenzielen – Zunehmendes Schadensrisiko für eine Anzahl von Nutzpflanzen – Zunehmender Bedarf an elektrischer Kühlung und reduzierte Energieversorgungssicherheit
Höhere (steigende) Minimaltemperaturen; weniger kalte Tage, Frosttage und Kältewellen über fast allen Landmassen (sehr wahrscheinlich)	– Abnahme kältebedingter Krankheits- und Sterberaten – Sinkendes Risiko von Schäden für eine Anzahl von Nutzpflanzen und steigendes Risiko für andere – Ausgedehntere Verbreitung und Aktivität von einigen Schädlingen und Krankheitsüberträgern – Reduzierter Heizenergiebedarf
Intensivere Niederschlagsereignisse (sehr wahrscheinlich über vielen Gebieten)	– Zunahme von Schäden durch Überschwemmungen, Erdrutsche, Lawinen und Murgänge – Zunehmende Bodenerosion – Zunehmender Überschwemmungsabfluss könnte die Speisung einiger Grundwasserspeicher in Überschwemmungsebenen vergrößern – Verstärkter Druck auf staatliche und private Überschwemmungsversicherungssysteme und Katastrophenhilfen
Komplexe Extreme	
Zunehmende Sommertrockenheit über den meisten innerkontinentalen Flächen, verbunden mit dem Risiko von Dürreereignissen (wahrscheinlich)	– Sinkende Ernteerträge – Zunehmende Schäden an Gebäudefundamenten aufgrund von Bodenkompaktierung – Sinkende Qualität und Quantität von Wasserressourcen – Steigendes Waldbrandrisiko
Zunahme der maximalen Windgeschwindigkeiten in tropischen Zyklonen und der mittleren und maximalen Niederschlagsintensitäten (wahrscheinlich über einigen Gebieten)	– Stärkere Gefährdung von menschlichem Leben, Risiko von Infektionskrankheits-Epidemien und viele andere Risiken – Zunehmende Küstenerosion und Schäden an Küstenbauwerken und -infrastrukturen – Zunehmende Schädigung von Küstenökosystemen wie Korallenriffen und Mangroven
Verstärkte Dürreereignisse und Überschwemmungen in Verbindung mit El Niño-Ereignissen in vielen verschiedenen Regionen (wahrscheinlich) (siehe auch unter Dürre- und intensiven Niederschlagsereignissen)	– Abnehmende Produktivität in der Landwirtschaft und auf dem Weideland in dürre- und überschwemmungsanfälligen Regionen – Sinkendes Wasserkraftpotenzial in dürreanfälligen Regionen
Zunehmende Niederschlagsschwankungen im asiatischen Sommermonsun (wahrscheinlich)	– Größeres Ausmaß von Überschwemmungs- und Dürreereignissen und damit verbundenen Schäden im gemäßigten und tropischen Asien
Zunehmende Intensität von Stürmen in mittleren Breiten (wenig Übereinstimmung zwischen bestehenden Modellen)	– Steigendes Risiko für menschliches Leben und Gesundheit – Zunehmende Eigentums- und Infrastrukturverluste – Zunehmende Schäden in Küstenökosystemen"

Dritter Wissensstandbericht des IPCC, Hrsg.: ProClim – Forum für Klima und Global Change, Schweizerische Akademie der Naturwissenschaften, Bern, 2002, S. 66

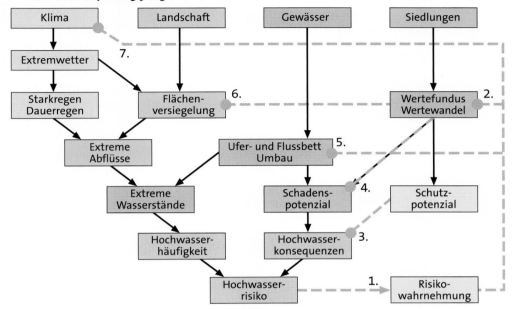

Die Ziffern 1 bis 7 geben Ansatzpunkte für ein Risikomanagement an: 1. Risikowahrnehmung, 2. bis 6. vorsorgende Maßnahmen zur Anpassung an die geänderten Anforderungen und 7. Klimaschutz

Lesebeispiel:
Eine veränderte Einstellung zum Flächenbedarf beim Wohnen kann zur verminderten Flächenversiegelung und damit zum geringeren Hochwasserrisiko beitragen.

4.2 Klimaänderung: Schadensanfälligkeit und Anpassungsfähigkeit

Die Auswirkungen, die sich für eine Region aus dem Klimawandel ergeben, werden von der Schadensanfälligkeit und Anpassungsfähigkeit beeinflusst. Die Schadensanfälligkeit oder Verwundbarkeit einer Region hängt einerseits vom Ausmaß der Klimaänderung ab, andererseits z. B. von der Belastbarkeit der Ökosysteme.

Wie schnell und in welchem Umfang sich ein Land und seine Gesellschaft auf den Klimawandel einstellen können, bestimmt seine Anpassungsfähigkeit.

↓ *Beispiel: Schadensanfälligkeit durch Meeresspiegelanstieg*
„Heute leben etwa 46 Millionen Menschen in von Fluten bedrohten Gebieten. Ein Anstieg des Meeresspiegels von einem halben Meter würde 92 Millionen in die Gefahrenzone bringen. Bei einem Anstieg um einen Meter wären es 118 Millionen, wobei das Bevölkerungswachstum nicht eingerechnet ist. Der Verlust von Landgebieten kann bedeutend werden für Küsten- und Inselstaaten sowie besonders flache Länder wie die Niederlande, Dänemark, die Malediven oder Bangladesch.
Obwohl Dänemark und die Niederlande beides reiche europäische Staaten sind, bestehen hinsichtlich ihrer Gefährdung Unterschiede. Im Vergleich zu Dänemark haben die Niederlande eine kürzere Küstenlinie abzusichern und verfügen bereits über ein hervorragendes Deichnetzwerk sowie große Erfahrung im Bau von Deichen. Dänemark wäre in diesem Sinne also verwundbarer. Beide Staaten wären aber aufgrund ihrer finanziellen Möglichkeiten gleichermaßen in der Lage sich anzupassen, Deiche zu erbauen und Schaden an Wirtschaft und Menschenleben abzuwenden.

Im Gegensatz hierzu steht Bangladesch. Die Landwirtschaft ist der Haupterwerbssektor. Der Staat ist einer der ärmsten und dicht besiedeltsten der Welt. Fluten sind die Regel und kosten regelmäßig viele Menschen das Leben. Ein Anstieg des Meeresspiegels würde dicht besiedelte Gebiete unter Wasser setzen und noch viel größere Areale zum Risikogebiet für Fluten machen. Bangladesch ist somit durch Fluten sehr stark gefährdet (hochgradig schadensanfällig). Darüber hinaus hat Bangladesch als armes Land kaum Möglichkeiten der Anpassung. Die Finanzmittel für ein Deichbauprogramm wären nicht aufzubringen. Somit ist Bangladesch als sehr stark betroffen einzustufen und würde schwere Verluste an Menschenleben wie materiellen Werten erleiden."

ESPERE Klimaenzyklopädie: http://www.atmosphere.mpg.de/enid/172e2ae83046583d 7b2d67ecfcf3b32a,55a304092d09/Wir_ueber_uns/Was_ist_ESPERE__4no.html

1 *Mögliche Klimaänderungen sind Trockenheit, geringere Schneefälle, heftigere Regenfälle, höhere Tagestemperaturen, mehr Wind, kürzere Übergangsjahreszeiten. Beschreiben Sie für jede dieser Veränderungen, wie sie Ihr Leben betreffen könnte. Stellen Sie dabei Vor- und Nachteile einander gegenüber.*

2 *Erklären Sie, weshalb bei einer globalen Temperaturerhöhung die Niederschlagsmenge zunimmt und sich die Sturmereignisse häufen.*

3 *Stellen Sie dar, weshalb der Klimawandel die Länder der Dritten Welt in weitaus stärkerem Umfang als die Industrieländer beeinträchtigt.*

4.3 Droht uns eine plötzliche Eiszeit?

M 1 Eiszeit in Manhattan – bisher nur im Film

Ist der Film „The Day After Tomorrow" des Filmproduzenten Roland Emmerich science oder fiction? Im Film wird die Welt von einem abrupten Klimawandel überrascht. Es kommt zu katastrophalen Stürmen, Los Angeles wird von Tornados verwüstet, New York versinkt unter einer gigantischen Flutwelle, und eine Eiszeit bricht über die gesamte Nordhalbkugel der Erde herein.

Ursache dieser plötzlichen Filmkatastrophe ist das Abreißen des Wärmetransports durch den Golfstrom.

Wie realistisch ist dieses Szenario aus wissenschaftlicher Sicht?

Ob es zu einem Versiegen des Golfsstroms kommt, kann von einem Überschreiten einer kritischen Schwelle abhängig sein. Das Überschreiten einer Klimaschwelle vergleichen Wissenschaftler mit dem Verhalten eines umkippenden Kanus. Wenn man sich in einem Kanu zur Seite neigt, beginnt das Boot zu kippen. Beim Überschreiten einer bestimmten Neigung kann sich das Boot nicht mehr aus der Schräglage aufrichten und kippt. Ähnliches gilt auch für klimawirksame Faktoren. Ist erst einmal die Schwelle überschritten, können klimatische Veränderungen mit lang andauernden Folgen entstehen. Im globalen Klimageschehen wurden bereits drei Schwellenwerte identifiziert.

M 2 Kritische Schwellenwerte für das globale Klimageschehen

Klimawirksamer Faktor	Schwellenüberschreitung	resultierender Klimaumschwung	soziale Konsequenzen
Strömungen im Pazifischen Ozean bestimmen die großräumige Temperaturverteilung an der Meeresoberfläche, die wiederum über das regionale Wettergeschehen entscheidet.	Natürliche Phänomene wie El Niño verursachen aus noch unbekannten Gründen leichte Temperaturschwankungen an der Meeresoberfläche.	Das Wettergeschehen auf angrenzenden Kontinenten verändert sich. Es kommt zu schweren Stürmen oder Trockenperioden in Regionen, die normalerweise nicht davon betroffen sind.	Ackerland trocknet teilweise aus. Die Stürme verursachen großräumige schwere Schäden.
Regenwasser, das durch Pflanzen recycelt (von den Wurzeln aufgenommen und durch Verdunstung von den Blättern in die Luft zurückgeführt) wird, ist für einen Großteil des Niederschlags in den Getreidegürteln der Erde verantwortlich.	Eine mäßige Dürre lässt Pflanzen welken oder absterben. Infolgedessen versiegt der recycelte Regen, so dass die Trockenheit in einem Teufelskreis zunimmt.	Eine anfangs leichte Trockenperiode verstärkt sich und entwickelt sich zu einer lang anhaltenden Dürre.	Auf dem ausgedörrten Land gedeihen keine Feldfrüchte mehr. Die verbliebenen Nahrungsmittel auf dem Weltmarkt verteuern sich, und wer sie nicht mehr bezahlen kann, muss hungern.
Meeresströmungen im Nordatlantik transportieren Wärme aus den Tropen nach Norden und sorgen so für milde Winter in Westeuropa.	Eine Verringerung des Salzgehalts im Oberflächenwasser weit im Norden verlangsamt diese Strömungen und bringt sie vielleicht sogar zum Stillstand.	Die Temperaturen in Europa und im Osten der USA sinken ab, sodass sich das Klima dort dem von Alaska annähert.	Weltweit leidet die Landwirtschaft, und wichtige Schifffahrtsrouten werden durch Eis blockiert.

Richard B. Alley: Das instabile Klima. In: Spektrum der Wissenschaft 3/2005, S. 46

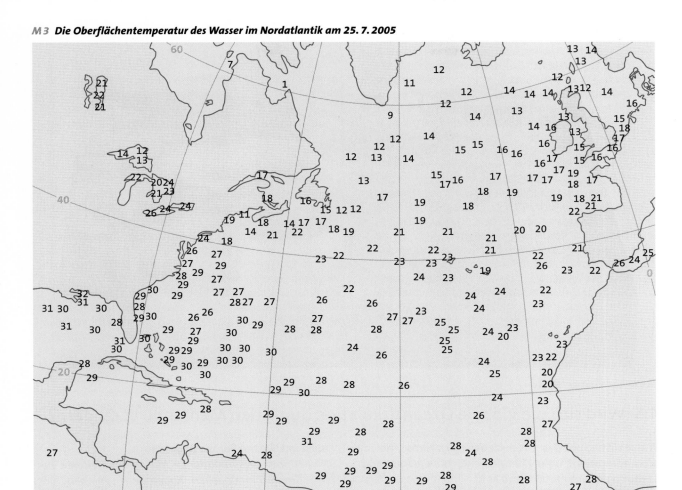

Nach DLR_School_LAB, Münchener Straße 20, 82234 Weßling (Dr. D. Hausamann/dieter.hausamann@dlr.de)

4.4 Der Golfstrom – ein Beispiel für eine thermohaline Zirkulation

„Der Golfstrom ist eine Meeresströmung im Atlantik, die vorrangig durch die Passatwinde über den Atlantik in Richtung höhere Breiten bewegt wird. Dort hat sie als verhältnismäßig warmer Meeresstrom Auswirkungen auf das Klima.
(...)
Verlauf des Golfstromes: Der Golf von Mexiko wird von Wassermassen durchströmt, diese treten durch die Yucatanstraße ein und durch die Floridastraße wieder aus. Beim Austreten des Stromes durch die Floridastraße in den Atlantik entstehen Strömungsgeschwindigkeiten von mehr als 170 cm/s bei einer Oberflächentemperatur von ca. 25 °C. Durch regelmäßig wehende Passatwinde kommt es zu einer Versetzung der Wassermassen, so dass sich im nördlichen Atlantik eine Abflussströmung entwickelt. Der Strom verläuft nahe der US-Amerikanischen Ostküste von Florida bis North Carolina. Bei Kap Hatteras kommt es zur Ablösung von der Küste, danach dringt er als gebündelter Strahlstrom in den offenen Atlantik vor. Jenseits des 40. Grades nördlicher Breite (nach ca. 1 500 km)

verzweigt sich der Strom in mehrere Äste. Die Verzweigungen werden als Golfstromausläufer bezeichnet, der nach Norwegen reichende Ast als Nordatlantikstrom. Mit einer Wassermenge von nur 10 Mio. m³/s erreicht die Strömung die Küsten Westeuropas. Die Geschwindigkeiten des Stromes unterliegen Schwankungen zwischen 140 cm/s in den Monaten Juli/August und 105 cm/s im Spätherbst, was in engem Zusammenhang mit Schwankungen der Windgeschwindigkeit der Passatzone steht. Das an der Oberfläche überwiegend nach Norden strömende Wasser kehrt nach Abkühlung in tiefere Schichten und in den südlichen Ozean zurück.“

Klett/Alexander-Datenbank: Infoblatt Golfstromhttp://www.klett-verlag.de/index_tadb.html

1 Erstellen Sie mithilfe der Tabelle M 2 am Beispiel des Golfstroms ein Wirkungsgefüge, welches die Folgen einer Schwellenüberschreitung zeigt.

2 Stellen Sie mithilfe der Karte M 3 die Wirkung des Golfstroms auf die Wassertemperaturen im Nordatlantik dar.

M1 _Der Golfstrom – Normalsituation_

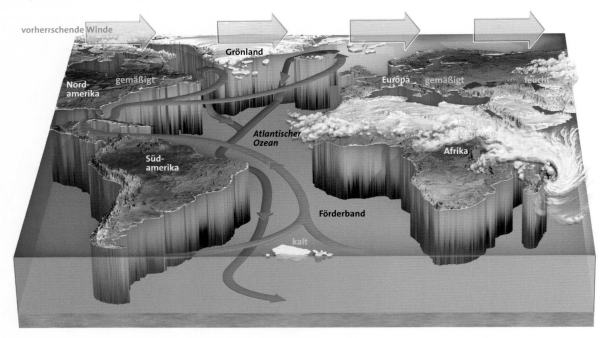

David Fierstein, Santa Cruz, Cal./USA. In: Richard B. Alley: Das instabile Klima. In: Spektrum der Wissenschaft 3/2005, S. 46

4.5 Wird sich die globale Ozeanzirkulation durch den Menschen verändern?

Wie realistisch ist das Krisenszenario des Films „The day after tomorrow?" Die Klimaforscher haben folgendes Szenario entwickelt (M1 und M3).

M2 _Klima an der West- und Ostküste des Nordatlantik_

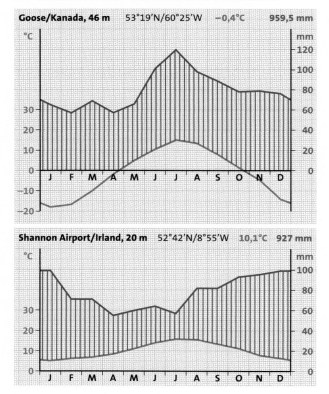

↓ _Eiszeit in USA und Europa abgesagt_

„Neue Computersimulationen mit elf der weltweit besten Klimarechenmodellen haben jetzt ergeben, dass es bis Mitte des 22. Jahrhunderts keinen Flecken rund um den Nordatlantik geben wird, der sich abkühlt. Im Gegenteil: Überall dominiere der Erwärmungseffekt durch zunehmende Mengen von Treibhausgasen in der Erdatmosphäre, schreiben 18 Forscher aus Japan, Kanada, Belgien, Großbritannien, Spanien, Deutschland und den USA im Fachblatt ‚Geophysical Research Letters' ... Unter den verwendeten Klimamodellen waren auch zwei des Potsdam-Instituts für Klimafolgenforschung (PIK) und eines aus dem Max-Planck-Institut für Meteorologie in Hamburg. Die nächsten sechs bis sieben Generationen müssen sich den Simulationen zufolge keine Sorgen über ein frostigeres Klima in Nordamerika und Mitteleuropa machen. Und erst recht nicht darüber, dass sie einen Wetterhorror à la Hollywood erleben könnten. ‚In keinem unserer Modelle ist es zum Kollaps der Meereszirkulation gekommen', resümiert Projektleiter Jonathan Gregory. Der britische Physiker forscht sowohl an der University of Reading als auch am Hadley Centre for Climate Prediction and Research in Exeter. Die einzelnen Projektteams ließen ihre Rechner jeweils 140 Jahre in die Zukunft blicken. Vorgegeben wurde nur, wie stark der Gehalt des Treibhausgases Kohlendioxid in der Außenluft in dieser Phase wächst. Die Forscher entschieden sich für eine üppige Zuwachsrate von einem Prozent jährlich. Am Ende der Simulation, Mitte des 22. Jahrhunderts, enthielt die

M 3 *Das Versiegen des Golfstroms – ein mögliches Szenario*

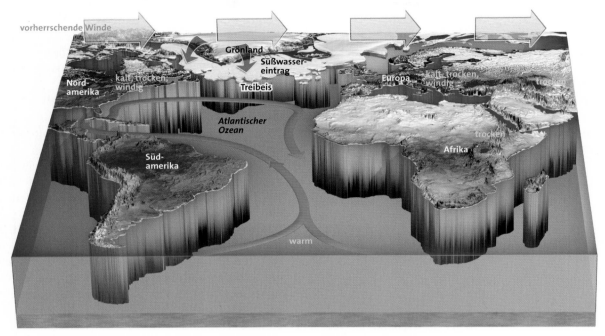

David Fierstein, Santa Cruz, Cal./USA. In: Richard B. Alley: Das instabile Klima. In: Spektrum der Wissenschaft 3/2005, S. 46

Modellatmosphäre auf diese Weise viermal so viel CO_2 wie zu Beginn des Industriezeitalters."

Erwärmung könnte lediglich gebremst werden
„Doch auch ein derart forcierter Treibhauseffekt schaffte es nicht, die temperaturempfindliche Meereszirkulation im Nordatlantik und mit ihr den Golfstrom ad hoc versiegen zu lassen. Die Warmwasserheizung geriet lediglich ins Stocken. Je nach Modell schwächte sich der Wärmetransport von den Tropen in höhere nördliche Breiten um 10 bis 50 Prozent ab.
Für eine spürbare Abkühlung reicht das aber nicht, meint der am Projekt beteiligte PIK-Physiker Anders Levermann. Der Effekt sei ,höchstens eine Verringerung der Erwärmung', die ja ihrerseits durch immer mehr Treibhausgase in der Atmosphäre zunehme.
Kann die Wärmepumpe, die unaufhörlich riesige Wassermengen umwälzt, also am Ende gar nicht komplett ausfallen? Levermanns Potsdamer Kollege Stephan Rahmstorf sieht trotz der Multi-Modellstudie ,keinen Anlass, das Problem zu verharmlosen'. Es sei ,ein Fehler, bloß auf die Temperaturen zu schauen'. Schon wenn sich die nordatlantische Zirkulation abschwäche, könne das ,andere einschneidende Folgen' haben, mahnt Rahmstorf, ,zum Beispiel die Verschiebung von Niederschlagsgürteln'."

Grönland sorgt für Unsicherheit
„Und dann gibt es da noch eine große Unbekannte im nordhemisphärischen Klima-Puzzle: Grönland. Sollte der Eispanzer der weltgrößten Insel vollständig abschmelzen, käme die Meereszirkulation im Nordatlantik mit einiger

Sicherheit zum Erliegen. Experten nennen sie nicht umsonst ,thermohalin': Die große Umwälzpumpe läuft überhaupt nur, weil es Unterschiede in der Temperatur und im Salzgehalt des Meerwassers zwischen den Tropen und höheren Breiten gibt. Große Süßwassereinträge würden diese feine Balance durcheinander bringen.
Die grönländische Gletscherschmelze wäre solch ein Extremfall. Und sie ist auch nicht ausgeschlossen. Dazu müsste die Klimaerwärmung vor Ort das Thermometer nach heutiger Kenntnis um drei Grad Celsius steigen lassen, verglichen mit der vorindustriellen Zeit. Niemand weiß im Moment, wann diese kritische Temperaturschwelle erreicht werden könnte. Aber die Klimaforscher glauben, dass es bei ihrem Überschreiten kein Halten mehr für Grönlands Gletscher gäbe: Sie würden unaufhaltsam abtauen."

Volker Mrasek: GOLFSTROM-SIMULATION: Eiszeit in USA und Europa abgesagt. In: SPIEGEL ONLINE – 30. Juni 2005, 13:30

http://www.spiegel.de/wissenschaft/erde/0,1518,362979,00.html

1 Stellen Sie die Auswirkungen des Golfstroms auf Mittel- und Nordeuropa dar.

2 Erörtern Sie mögliche klimatische Veränderungen, die sich aus der Ausschwächung des Golfstroms für Mittel- und Nordeuropa ergäben.

3 Nennen Sie mögliche wirtschaftliche und gesellschaftliche Konsequenzen eines Ausbleibens des Golfstroms für Mitteleuropa.

4 Erklären Sie, weshalb die Wissenschaftler ein Ausbleiben des Golfstroms für unwahrscheinlich halten, aber nicht völlig ausschließen.

5 Folgen des Klimawandels

5.1 Der Anstieg des Meeresspiegels – eine Folge schmelzender Polkappen?

Die Szenarien sind alarmierend: Schon in diesem Jahrhundert werden weite küstennahe Gebiete überflutet werden. Millionen Menschen, insbesondere in den Entwicklungsländern, werden auf der Flucht sein.

M1 *Folgen eines Meeresspiegelanstiegs von 1 m für ausgewählte europäische Länder*

Land	Gefährdete Bevölkerung Anzahl in 1000	in %	Werteverlust (nach Werten von 1990) Mill. US-$	% des BNP	Landverlust km²	in %
Niederlande	3600	24	186000	69	2165	6,7
Deutschland	309	0,3	7500	0,05	13900	3,9
Polen	196	0,5	22000	24	1700	0,5

M2 *Landverlust und obdachlose Bevölkerung in Süd- und Südostasien bei unterschiedlichen Meeresspiegelanstiegs-Szenarien*

Land	Meeresspiegelanstieg in cm	Landverlust km²	%	obdachlose Bevölkerung Mill.	%
Bangladesch	45	15668	10,9	5,5	5,0
Bangladesch	100	29846	20,7	14,8	13,5
Indien	100	5763	0,4	7,1	0,8
Indonesien	60	34000	1,9	2,0	1,1
Malaysia	100	7000	2,1	>0,05	>0,3
Pakistan	200	1700	0,2	?	?
Vietnam	100	40000	12,1	17,1	23,1

↓ *Die Folgen für Japan und China*
„Bei einem Anstieg von einem Meter wären in China 125000 km² Landfläche und 72 Millionen Menschen durch eine Jahrhundertflut bedroht. Ausgehend von den derzeitigen Trends ist ein deutlicher Anstieg dieser Daten zu erwarten. Auch in Japan wäre bei einem Anstieg des Meeresspiegels ein Gebiet von 2300 km² mit einer Bevölkerung von vier Millionen unter dem Hochwasserniveau, das jedoch schon heute durch Deiche geschützt ist. Hinzu kommt eine Gefährdung wichtiger Anbaugebiete. Etwa 10% der Reisproduktion der Region, die der Versorgung von 200 Millionen Menschen dient, findet in Gebieten statt, die bei einem Meeresspiegelanstieg von einem Meter bedroht wären. Auch das Eindringen von Salzwasser und Bodenversalzung sind bei einem Meeresspiegelanstieg kritische Faktoren für die Landwirtschaft."

Auch Tab. M1 und M2: http://www.hamburger-bildungsserver.de/welcome.
phtml?unten=/klima/klimafolgen/meeresspiegel

Nach gängiger Meinung hängt der Meeresspiegelanstieg davon ab, wie schnell die gewaltigen Eisdecken der Pole und Grönlands abtauen.
Tatsächlich kann das Niveau des Meeresspiegels aus zwei Gründen steigen oder sinken:
– Die Form und das Volumen der Meeresbecken verändern sich:
  Dazu gehören tektonische Veränderungen wie Grabenbrüche oder Vulkanismus, isostatische Anhebung oder Senkung von Landmassen durch die Belastung und Entlastung mit Eis oder Sedimentation.
– Das Wasservolumen in den Weltmeeren nimmt zu oder ab:
  Hauptursache ist hier die wärmebedingte Ausdehnung von Wasser. Sie macht mit 28 cm mehr als die Hälfte des bis zum Jahr 2100 prognostizierten Anstiegs von 48 cm aus.
  Weitere Faktoren sind das Abschmelzen von Gebirgsgletschern, des Grönlandeises und der Eismassen in der Antarktis.

Die umstrittene Bedeutung des antarktischen Eisschildes für den Meeresspiegelanstieg:
Mehr als 90% des Eises auf der Erde befinden sich am Südpol. Diese Eismasse bedeckt mehr als 14 Millionen Quadratkilometer und ist durchschnittlich 2200 m, an einigen Stellen sogar bis zu 4000 m dick. Jährlich fallen 2250 Gigatonnen Neuschnee. Angenommen, diese Menge Wasser würde nicht als Schnee auf die Antarktis fallen und zu Eis verdichtet werden, sondern als Regen in die Weltmeere gelangen, dann würde der Meeresspiegel weltweit um 6,5 mm ansteigen.

M3 *Die Entwicklung des antarktischen Eisschildes*

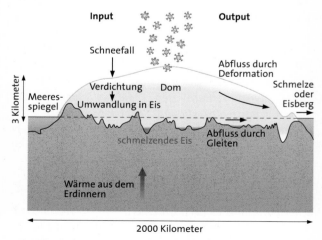

Nach Frédérique Rémy und Catherine Ritz: Schmelzen die Polkappen. In: Spektrum der Wissenschaft 11/2001, S. 32

M 4 *Veränderungen der südwestantarktischen Eisdecke: Verlust seit der letzten Eiszeit ca. 5,3 Millionen Kubikkilometer*

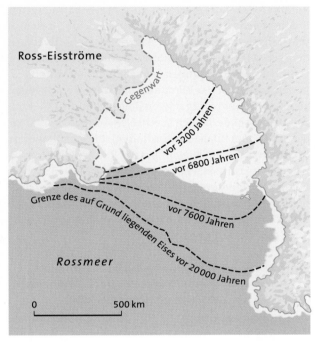

Nach Robert A. Bindschadler und Charles R. Bentley: Auf dünnem Eis. In: Spektrum der Wissenschaft Dossier 2/2005, S. 55

↓ Eisige Einsichten

„Wie die antarktische Eisdecke auf Klimaänderungen reagiert und welche Folgen das für den Meeresspiegel hat, ist nicht immer einfach vorherzusagen. Hier sind einige der weniger offensichtlichen Phänomene, die Wissenschaftler in Betracht ziehen müssen.

– Eis muss nicht schmelzen, um den Meeresspiegel steigen zu lassen
Eis, das vom Festland ins Meer gelangt, erhöht den Meeresspiegel, sobald es zu treiben beginnt. Ein Eisberg verdrängt, da er sich zum größten Teil unter der Meeresoberfläche befindet, ein ebenso großes Volumen wie die entsprechende Menge Wasser. Aus diesem Grund lässt abbrechendes Schelfeis, das ja bereits schwimmt, den Meeresspiegel nicht steigen. In der Antarktis sorgen Temperaturen von durchschnittlich etwa - 35 Grad Celsius bisher dafür, dass kaum Eis vom Kontinent abschmilzt. Das könnte sich ändern, wenn die globale Erwärmung stärker auf die Region übergreift. Derzeit beeinflusst die Antarktis den Meeresspiegel nur, wenn festes Eis, das durch Gletscher oder Eisströme zur Küste transportiert wird, dort abbricht oder sich bereits vorhandenem Schelfeis anschließt.

– Eis kann die Folgen der globalen Erwärmung abmildern oder verstärken
Stellen Sie sich ein schneebedecktes Feld in der prallen Sonne vor. Es wirft viel mehr Sonnenstrahlung in den Weltraum zurück als nackte Erde oder offenes Wasser. Durch diese Reflexion bleibt die Luft über Schnee- oder Eisflächen kalt. Dadurch erhöht sich die Wahrscheinlichkeit weiterer Schneefälle. Würde sich die Atmosphäre aufgrund der globalen Erwärmung jedoch so stark aufheizen, dass das Eis zu schmelzen beginnt, käme ein größerer Teil der dunklen Oberfläche darunter zu Tage. Dann würde die Region mehr Sonnenenergie absorbieren und die Luft sich noch stärker erwärmen.

– Die globale Erwärmung kann den Anstieg des Meeresspiegels bremsen oder beschleunigen
Wärmere Luft verstärkt die Verdunstung aus den Ozeanen. Zudem nimmt sie mehr Feuchtigkeit auf als kältere. Bei einer globalen Erwärmung kann also mehr verdunstetes Meerwasser aus gemäßigten Breiten in die Polargebiete gelangen, wo es auskondensiert und als Schnee fällt. Dieser Prozess würde noch verstärkt, falls die globale Erwärmung beträchtliche Mengen an Treibeis zum Schmelzen brächte, so dass ein größerer Teil der Meeresoberfläche frei läge und der Verdunstung ausgesetzt wäre. Theoretisch könnte sich dann mehr Meerwasser in Schnee und Eis verwandeln, als durch Abfluss von Süßwasser oder in Form von Eisbergen ins Meer zurückkehrt. Der Anstieg des Meeresspiegels würde so gebremst. Der Haken dabei ist, dass die globale Erwärmung auch das Abschmelzen und Aufbrechen von Inlandeis beschleunigen kann. Die Auswirkung der globalen Erwärmung auf die Eisdecken hängt also davon ab, welcher Prozess überwiegt.“

Robert A. Bindschadler und Charles R. Bentley: Auf dünnem Eis. In: Spektrum der Wissenschaft Dossier 2/2005, S. 56

Von besonderer Bedeutung für den Meeresspiegelanstieg ist der Südwestteil des antarktischen Kontinents. Ein komplettes Abschmelzen der Eisdecke in diesem Bereich würde den Meeresspiegel weltweit um mehr als fünf Meter ansteigen lassen. Hier beobachteten die Wissenschaftler dramatische Eisverluste. Waren diese Verluste Ausdruck der normalen Schwankungsbreite oder der Beginn eines Trends hin zum kompletten Abschmelzen? Die Wissenschaftler sind sich dabei nicht einig: Während die Experten zunächst glaubten, die westantarktische Eisdecke würde bei einem weiteren Temperaturanstieg rasch zerbrechen und den Meeresspiegel ansteigen lassen, kamen sie 2003 zum Ergebnis, dass die Eisdecke viel langsamer schrumpfen wird als angenommen. 2005 wurden jedoch von britischen Forschern neue Befunde veröffentlicht, wonach die westantarktische Eisdecke noch vor dem Jahr 2100 zusammenbrechen könne.

1 Erstellen Sie ein Schaubild, welches die unterschiedlichen Ursachen des Meeresspiegelanstiegs verdeutlicht.

2 Stellen Sie dar, weshalb bei einer Klimaerwärmung der antarktische Eisschild wachsen kann.

3 Erklären Sie, welche Bedeutung das Abschmelzen des arktischen Eisschildes für einen Anstieg des Meeresspiegels hat.

5.2 Profitiert die Landwirtschaft vom Klimawandel?

Die Erde wird immer grüner. Nach verschiedenen Studien beginnt das Pflanzenwachstum auf der nördlichen Halbkugel immer früher im Jahr und die Vegetationszeit verlängert sich. Kann sich die landwirtschaftliche Produktion diesen Trend zu Nutze machen? Pflanzen benötigen für die Fotosynthese CO_2. Sie nehmen CO_2 über die Spaltöffnung an der Unterseite der Blätter auf. Eine Erhöhung der bislang suboptimalen CO_2-Konzentration von gegenwärtig 375 ppm auf zukünftig 450–550 ppm sollte also das Pflanzenwachstum stimulieren.

In einem Feldversuch simulierte die Bundesforschungsanstalt für Landwirtschaft die Auswirkungen erhöhter CO_2-Konzentrationen. Wie erwartet wurde die Biomassenproduktion um 6–14 % gesteigert. Die Wissenschaftler stellten mit Erstaunen fest, dass die Pflanzen bei einer

erhöhten CO_2-Konzentration zu einer Erwärmung der Erdoberfläche beitragen. Es wurde beobachtet, dass sich die Transpirationsrate der Pflanzen in diesem Versuch deutlich verringerte weil durch die erhöhte CO_2-Konzentration die Spaltöffnungen weniger geöffnet waren.

In den Szenarien der Klimaforscher kommt es dagegen zu einem Ertragsrückgang, weil nicht nur die CO_2-Konzentration sondern auch Wechselwirkungen der Klimaelemente oder Pflanzenkrankheiten und Schädlinge das Pflanzenwachstum beeinflussen. Die entscheidende Frage wird also sein, wie schnell sich die Landwirtschaft auf die Veränderungen durch eine räumliche Verschiebung der Anbauzonen, Änderung der Einsaatzeiten, den Einsatz neuer Sorten oder die Anwendung von Bewässerungssystemen anpassen kann.

M 1 Durchschnittliche Erntemenge in Brandenburg der Jahre 1996 bis 2002 und Erntemenge des trockenen Jahres 2003 (klimatische Wasserbilanz –150 mm)

Fruchtart	Durchschn. Ernte 1966–2002 (dt./ha)	Ernte 2003 (dt./ha)	Ernteverlust im Vergleich zum Durchschnitt (%)	
			Mittel	Spanne
Wintergerste	51,7	31,0	40	20–80
Winterroggen	42,9	28,0	35	30–80
Winterweizen	59,4	37,0	38	30–85
Triticale	51,1	31,0	40	38–80
Sommergerste	39,6	24,0	40	30–80
Winterraps	27,9	19,0	32	25–90

Matthias Plöchl: Landwirtschaft bei Dürre und Flut. In: FORSCHUNGSREPORT Verbraucherschutz – Ernährung – Landwirtschaft 1/2005 (Heft 31),S. 4, Biologische Bundesanstalt für Land- und Forstwirtschaft, Braunschweig

M 2 Veränderung der Getreideproduktion und der Ernährungslage durch den Klimawandel (Modellberechnungen für das Jahr 2080 im Vergleich zum Jahr 1990)

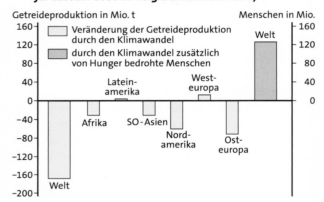

Nach http://www.hamburger-bildungsserver.de/welcome.phtml?unten=/klima/klimafolgen/meeresspiegel/

M 3 Schematische Darstellung der wichtigsten Faktoren für die zukünftige globale Nahrungsproduktion

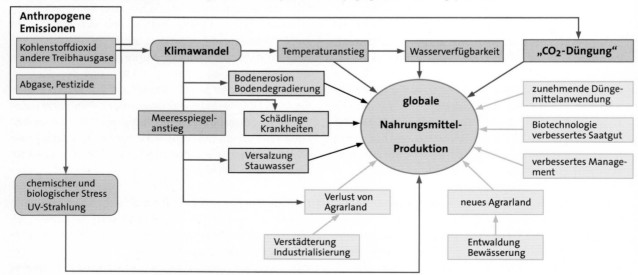

Nach http://www.hamburger-bildungsserver.de/welcome.phtml?unten=/klima/klimafolgen/meeresspiegel/

5.3 Macht uns der Klimawandel krank?

M4 Wirkung von Klimaänderungen auf die Gesundheit

| | Ursachen | Folgen für die Gesundheit |

direkte Auswirkungen

| Exposition gegenüber thermischen Extremen (bes. Hitzewellen) | → | vermehrte Herzkreislauf- und Atemwegserkrankungen, Zunahme von Todesfällen |
| Zunahme und Intensität von Wetterextremen (Stürme, Überschwemmungen etc,) | → | Todesfälle, Verletzte, Zerstörung der Infrastruktur des öffentl. Gesundheitswesens |

Klimaänderung: Temperatur, Niederschlag, Wetterabläufe

indirekte Auswirkungen

Störungen von Ökosystemen

veränderte Verbreitung und Aktivität von Krankheitsüberträgern	→	geographische Ausbreitung der von Zwischenwirten übertragenen Infektionskrankheiten
veränderte Bedingungen für wasser- und ernährungsabhängige Infektionen	→	vermehrtes Auftreten von diarrhoeischen und anderen Infektionskrankheiten
verringerte Nahrungsmittelproduktivität durch Klimaänderungen, Schädlinge und Pflanzenkrankheiten	→	Mangelernährung und Hunger und daraus folgende Schädigung der Gesundheit und Entwicklung besonders bei Kindern
Anstieg des Meeresspiegels und Zerstörung der Infrastruktur	→	erhöhtes Risiko für verschiedene Infektionskrankheiten (durch Verseuchung des Trinkwassers u.a.)
durch Klimawandel erhöhte Luftverschmutzung	→	Astma und Allergien, Atemwegserkrankungen, mehr Todesfälle
soziale, ökonomische und demographische Folgen des Klimawandels	→	breites Spektrum von gesundheitlichen Auswirkungen

Stratosphärische Ozonabnahme → Hauttumore, Schwächung des Immunsystems

M5 Hitzebedingte Todesfälle in ausgewählten US-amerikanischen Städten gegenwärtig und bei einer Temperaturerhöhung um 1,16 °C im Jahre 2050

Stadt	gegenwärtige hitzebedingte Todesfälle pro Jahr	hitzebedingte Todesfälle pro Jahr bei +1,16 °C
Atlanta	78	293
Dallas	19	782
Detroit	118	419
Los Angeles	84	350
New York	320	879
Philadelphia	145	474
San Francisco	27	104

M4, M5 Nach http://www.hamburger-bildungsserver.de/welcome.phtml?unten=/klima/klimafolgen/meeresspiegel/

M6 Anstieg des Malariarisikos bei einer Temperaturerhöhung um 1,8 °C

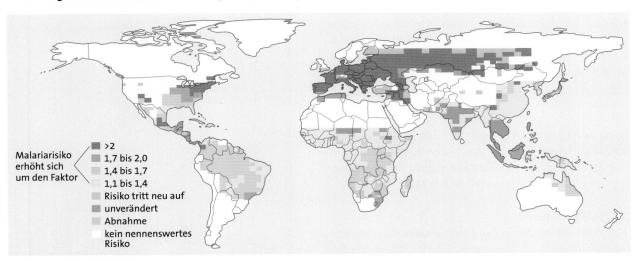

Malariarisiko erhöht sich um den Faktor
- >2
- 1,7 bis 2,0
- 1,4 bis 1,7
- 1,1 bis 1,4
- Risiko tritt neu auf
- unverändert
- Abnahme
- kein nennenswertes Risiko

Paul R. Epstein: Krankheiten durch den Treibhauseffekt. In Spektrum der Wissenschaft Dossier 1/2002, S. 78

Die Auswirkungen des Klimawandels auf die menschliche Gesundheit werden in der Öffentlichkeit bislang wenig wahrgenommen. Doch nach einer Studie der Weltgesundheitsorganisation (WHO) sterben gegenwärtig jährlich rund 160 000 Menschen an den indirekten Folgen der globalen Klimaerwärmung.

Zu den weitaus gefährlicheren Folgen einer Klimagefährdung gehören Krankheiten wie Malaria, das grippeähnliche und oft tödlich verlaufende Denguefieber sowie das Gelbfieber, die durch Stechmücken übertragen werden. Bereits heute fallen der Malaria, für die es keinen Impfstoff gibt und bei der die Standardmedikamente weitgehend unwirksam sind, täglich 3 000 Menschen zum Opfer. Bei einer globalen Temperaturerhöhung würde sich die Malaria so ausdehnen, dass etwa 60 statt gegenwärtig 45 Prozent der Weltbevölkerung betroffen sind.

1 Erläutern Sie in Zusammenarbeit mit dem Fach Biologie, weshalb Pflanzen grundsätzlich vor dem Dilemma des „Verdurstens oder Verhungerns" stehen.

2 Erläutern Sie, weshalb vor allem Länder in den Subtropen und in den gemäßigten Breiten vom Vormarsch der Malaria betroffen sind.

5.4 Die ökonomischen Kosten des Klimawandels – was können wir uns leisten?

↓ *Ökonomische Grundüberlegungen*

„Im Zentrum ökonomischer Systeme steht immer der Mensch. Wenn sich Veränderungen unserer Umwelt z. B. durch Klimawandel auf Menschen und ihr Verhalten auswirken und zwar sowohl heute als auch in der Zukunft, dann sollten diese Veränderungen auch Bestandteil ökonomischer Entscheidungsfindung sein. Dies sowohl auf der Makro- als auch auf der Mikroebene. Aus nüchterner ökonomischer Sicht ist die Umwelt schlicht ein Asset (Wert), das man einsetzt um Güter und Dienstleistungen zu produzieren. Sie geht als Input in unsere Produktionsfunktion ein, genauso wie Kapital (Maschinen und Gebäude) und Arbeit. Jede Verschlechterung der Umweltbedingungen bedeutet, dass der Umfang, in dem Umwelt als Produktionsfaktor zur Verfügung steht, eingeschränkt wird. Mit Blick auf die globale Erwärmung bedeutet dies beispielsweise, dass Küstenlandstriche, die durch das Abschmelzen der Polarkappen überschwemmt werden, einfach nicht mehr als Wohnung, Produktionsstandorte oder als landwirtschaftliche Nutzfläche zur Verfügung stehen. ... Aus rein ökonomischer Sicht steht die Politik somit vor der Frage, ob heute knappe Ressourcen eingesetzt werden sollen, um die Folgen des Klimawandels zu begrenzen oder darauf zu setzen, dass die natürlichen Anpassungsmechanismen unseres sozioökonomischen Systems (inklusive des Vertrauens in Fähigkeit zur technologischen Innovation) ausreichen, um mit dem Problem fertig zu werden.“

Dr. Hendrik Garz und Claudia Volk: Von Economics zu Carbonomics. Düsseldorf: WestLB Panmure, 2003, S. 30

Bis zu zwei Billionen US-Dollar könnten global die volkswirtschaftlichen Schäden durch den Klimawandel im Jahr 2050 betragen. Dies ist das Ergebnis verschiedener Studien mit dem Klimamodell WIAGEM.

↓ *Das WIAGEM-Modell*

„Das WIAGEM-Modell ist konzipiert worden, um die langfristigen ökonomischen Auswirkungen des Klimawandels und der Klimapolitik zu bestimmen. Es koppelt ein dynamisches Handelsmodell mit einem vereinfachten Klima- und Ökosystemmodell.

Das Modell simuliert die volkswirtschaftlichen Geschehnisse über einen Zeithorizont von 100 Jahren (bis zum Jahr 2100) für die Weltregionen Afrika, Asien, Europa, Japan, Lateinamerika, Mittlerer Osten und USA. Durch die Kopplung des Ökonomiemodells an ein Klima- und Ökosystemmodell können die Rückwirkungen von Temperatur- und Meeresspiegelveränderungen volkswirtschaftlich quantifiziert werden. Eine genaue Abbildung der Energiemärkte fossiler Energien und möglicher Ersatz dieser durch erneuerbare Energien erlaubt die Bewertung einer Veränderung des Energiesystems.

Zudem werden die volkswirtschaftlichen Schäden von menschlichen Gesundheitsänderungen, Ökosystemänderungen und veränderte Ausgaben für Klimaschäden vor und nach dem Auftreten extremer Klimaereignisse integriert. Dies erlaubt eine detaillierte Abschätzung der durch einen Klimawandel verursachten ökonomischen Einbußen.“

Claudia Kempfert: Die ökonomischen Kosten des Klimawandels. In: Wochenbericht 12–13/2005 des DIW Berlin, S. 212

Aber auch auf die Unternehmen wird sich der Druck erhöhen, sich mit Fragen des Klimawandels intensiver zu beschäftigen. Unternehmer müssen neben staatlichen Vorgaben mit Schadensersatzforderungen rechnen. Man wird sie daran messen, inwieweit sie ihre Produkte klimafreundlich erzeugen.

M 1 Die Kosten des Handelns und Nichthandelns im Klimaschutz bei technologischem Wandel in Billionen US-Dollar.

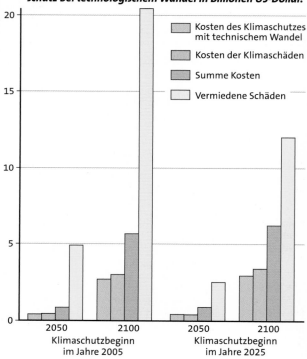

Nach Claudia Kempfert: Die ökonomischen Kosten des Klimawandels. In: Wochenbericht 12–13/2005 des DIW Berlin, S.214

1 Erklären Sie, weshalb sich die Wirtschaft mit dem Klimawandel beschäftigen muss.

2 Stellen sie dar, weshalb als Folge des Klimawandels große Naturkatastrophen zunehmen.

3 Nennen Sie mögliche Gründe für eine Zunahme der volkswirtschaftlichen Schäden infolge von Naturkatastrophen.

4 Vergleichen Sie die volkswirtschaftlichen Gesamtkosten des Klimawandels für Deutschland bei einem Klimaschutzbeginn im Jahr 2005 und 2025 (M 4).

M 2 *Volkswirtschaftliche und versicherte Schäden – absolute Werte und Langfristtrends*

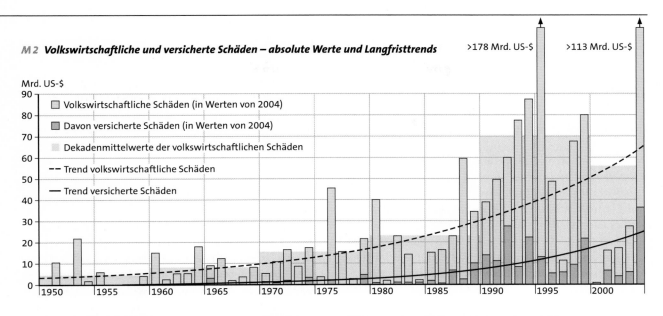

M 3 *Anzahl der Großkatastrophen und der Trends der volkswirtschaftlichen und versicherten Katastrophenschäden*

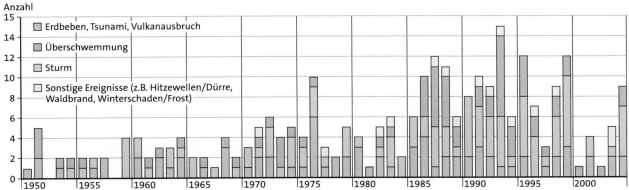

Beide Abbildungen nach Münchener Rückversicherungs-Gesellschaft; Topics Geo Jahresrückblick Naturkatastrophen 2004, S. 14, München 2005

M 4 *Die Kosten des Klimaschutzes und Klimaschäden im Jahr 2002 in Mrd. US-Dollar*

	Klimaschutzkosten				Klimaschäden			
	bei Klimaschutzbeginn im Jahre							
	2005		2025		2005		2025	
	2050	2100	2050	2100	2050	2100	2050	2100
Japan	59,54	415,70	66,09	463,01	182,80	467,83	522,97	2 124,31
China	11,63	81,20	12,91	90,45	35,71	91,39	102,16	414,98
Asien[1]	12,31	85,97	13,67	95,75	37,80	96,75	108,15	439,32
USA	137,67	961,19	152,81	1 070,59	422,68	1 081,74	1 209,23	4 911,93
Kanada	5,53	38,58	6,13	42,97	16,97	43,42	48,54	197,16
Europa	16,03	111,88	17,79	124,62	49,20	125,92	140,76	571,75
davon Deutschland	5,77	40,30	6,41	44,89	17,72	45,35	50,70	205,94
Russland	9,03	63,02	10,02	70,19	27,71	70,92	79,28	322,02
Lateinamerika	108,00	754,07	119,88	839,89	331,60	848,64	948,66	3 853,46
Afrika	30,74	214,63	34,12	239,06	94,38	241,55	270,02	1 096,84
Sonstige	40,25	281,05	44,68	313,04	123,59	316,30	353,57	1 436,23
Summe	**430,73**	**3 007,29**	**478,11**	**3 349,57**	**1 322,45**	**3 384,46**	**3 783,34**	**15 368,00**

1 Asien: Ohne Japan und China.

Claudia Kempfert: Die ökonomischen Kosten des Klimawandels. In: Wochenbericht 12–13/2005 des DIW Berlin, S. 21. Quellen: Simulation mit dem Modell WIAGEM; Berechnungen des DIW Berlin.

5.5 Die regionalen Folgen des Klimawandels

↓ **Afrika:** *Eine schwache Ökonomie macht die Anpassung an den Klimawandel schwierig. Die Empfindlichkeit gegenüber Änderungen ist hoch, da viele Menschen von der Landwirtschaft abhängen, meist ohne Möglichkeiten zur Bewässerung.*

- *Häufigere Dürren, Überflutungen und andere Wetterextreme werden negative Auswirkungen auf den Zugang zu Nahrung und Wasser sowie auf die Gesundheit und die Infrastruktur haben. Sie werden die Entwicklung in Afrika verzögern.*
- *Der Anstieg des Meeresspiegels führt zu häufigeren Überflutungen und einer Erosion der Küstengebiete. Mehrere Staaten in Afrika sind in besonderer Weise gefährdet.*
- *Die Erträge aus Getreideernten werden vermutlich sinken. Nahrungsmittelknappheit ist insbesondere in den Staaten zu befürchten, deren Importrate für Nahrung gering ist. Der Wasserdurchsatz in den Flüssen des nördlichen und südlichen Afrika wird sinken.*
- *Krankheiten übertragende Insekten werden ihre Lebensräume ausweiten. Hierdurch ist eine höhere Anzahl an Ansteckungen (z. B. mit Malaria) zu erwarten.*
- *Die Ausdehnung der Wüsten (Desertifikation) wird sich durch den Mangel an Regen verstärken, insbesondere in den nördlichen, südlichen und westlichen Regionen des Kontinents.*
- *Viele Pflanzen- und Tierarten werden aussterben. Dies wird negative Auswirkungen auf Landwirtschaft und Tourismus haben.*

Asien: *Es gibt einen großen Unterschied zwischen den Staaten Asiens, was ihre Gefährdung durch den Klimawandel angeht. Die armen Staaten sind sehr schadensanfällig und werden Probleme haben, sich anzupassen. Den reichen Staaten wird dies wesentlich leichter gelingen.*

- *Extremereignisse wie Fluten, Trockenheit, Waldbrände und tropische Wirbelstürme werden sich in den wärmsten Teilen von Asien verstärken.*
- *Der Anstieg des Meeresspiegels und die zunehmende Stärke der Stürme werden die Heimat von mehreren zehn Millionen Menschen in den Küstenzonen des gemäßigten und tropischen Asiens unbewohnbar machen. Der Anstieg des Meeresspiegels bedroht auch die Ökosysteme der Küsten, im Besonderen Mangrovenwälder und Korallenriffe.*
- *Die Produktion von Landwirtschaft und Fischerei in den tropischen Regionen wird sich vermindern, während die Landwirtschaft in den nördlichen Breiten zunimmt.*
- *Der Zugang zu Wasser wird sich in mehreren Regionen des Südens verschlechtern, während er sich in vielen Gegenden des Nordens verbessert.*
- *Die größere Hitze wird die Verbreitung von Krankheiten tragenden Insekten begünstigen, so dass die Krankheiten sich ausweiten.*

- *Der Energiebedarf wird steigen.*
- *Einige Regionen werden massiv von Touristen gemieden werden.*
- *Ein schnelleres Aussterben von Pflanzen- und Tierarten ist wahrscheinlich.*

Australien und Neuseeland *haben gute Möglichkeiten sich anzupassen und sind daher weniger verwundbar. Eine Ausnahme bildet die Urbevölkerung.*

- *Häufigere Dürren erhöhen die Bedeutung der Wasserversorgung und die Wahrscheinlichkeit von Waldbränden.*
- *Einige Tier- und Pflanzenarten sind an besondere Klimabedingungen gewöhnt und werden Probleme haben sich neue Lebensräume zu erschließen, da sie keine vergleichbaren Landschaften finden. Sie werden möglicherweise aussterben. Hierzu zählen auch die Bewohner der Korallenriffe.*
- *Die ersten Folgen des Klimawandels wirken sich wahrscheinlich positiv auf die Landwirtschaft aus. Hält die Klimaänderung jedoch an, so könnte dieser Effekt in manchen Regionen von negativen Konsequenzen aufgehoben werden.*
- *Die steigende Häufigkeit von Tropenstürmen bedeutet eine wachsende Gefahr für Leben und Eigentum der Menschen wie für die Ökosysteme, zum einen in Gestalt von Sturmfluten, zum anderen durch die Windkraft als solches.*

Europa *hat grundsätzlich gute Möglichkeiten, sich anzupassen. Die Situation für Südeuropa und die arktischen Regionen ist hierbei etwas schwieriger als für den Rest des Kontinents.*

- *Im Norden wird es mehr Regen geben, im Süden weniger. Die südlichen Länder sind durch Dürren bedroht.*
- *Die Vegetationsgrenzen, z. B. die Baumgrenzen, werden nach Norden bzw. im Gebirge in die Höhe wandern. Einige Arten könnten hierbei ihre ökologischen Nischen verlieren und aussterben.*
- *Die Gefahr, dass Flüsse über die Ufer treten, steigt in weiten Teilen Europas.*
- *Die Küstengebiete sind stärker durch Fluten und Erosion gefährdet, was Schäden für die küstennahen Siedlungen und die lokale Landwirtschaft bedeutet.*
- *Gletscher im Alpenraum werden drastisch schrumpfen.*
- *Permafrost, d.h. gefrorener Grund, wird vielerorts verschwinden.*
- *In der Landwirtschaft wird es positive Auswirkungen im Norden geben, während für Süd- und Osteuropa ein leichter Produktionsrückgang zu erwarten ist.*
- *Traditionelle Touristenziele werden durch die ansteigende Temperatur in Mitleidenschaft gezogen. Dies gilt für die im Sommer bevorzugten Gebiete (Hitzewellen) wie für die Wintersportorte (Mangel an Schnee).*

Lateinamerika ist empfindlich gegenüber dem Klimawandel und kann sich nur relativ schwer angleichen und schützen, insbesondere wenn es zu Extremereignissen kommt.

- Gletscher schrumpfen oder verschwinden. Hierdurch verschlechtert sich die Versorgung mit Trinkwasser in den Gebieten erheblich, in denen die Gletscher eine Hauptquelle für frisches Wasser waren.
- Sowohl Fluten als auch Dürren werden sich häufiger ereignen. Die Fluten werden die Wasserqualität in manchen Gebieten beeinträchtigen.
- Die Intensität tropischer Stürme wird sich vermutlich erhöhen. Hierdurch wiederum sind das Leben und Eigentum der betroffenen Menschen gefährdet. Auch die Ökosysteme werden gestört.
- Die landwirtschaftlichen Erträge werden sinken, was in einigen Regionen die wirtschaftliche Stabilität bedroht.
- Die geographische Verbreitung von Krankheiten übertragenden Insekten wird in Richtung der Pole und zu höheren Gebirgslagen hin zunehmen.
- Mehr Menschen werden Malaria, Denguefieber und Cholera ausgesetzt sein.

Nordamerika kann sich in der Regel recht gut auf veränderte Bedingungen einstellen und ist daher weniger gefährdet. Ausnahmen bilden wenige Eingeborene.

- Der Verlust an Biodiversität (Artenvielfalt) wird fortschreiten.
- Ein ansteigender Meeresspiegel wird zu Erosionen in den Küstengebieten führen, sowie zum Verlust von Feuchtgebieten. Sturmfluten werden besonders in Florida und entlang der Atlantikküste zunehmen.
- Wetterbedingte Schäden steigen. Hieraus resultieren höhere Beiträge für Versicherungen.
- Wohngebiete, Gewerbe, Industrie, Infrastruktur und Ökosysteme in den küstennahen Regionen werden durch den Anstieg des Meeresspiegels negativ beeinflusst. Ganz besonders gefährdet sind die Mangrovenwälder.
- Die Landwirtschaft wird generell profitieren. Die Auswirkungen werden jedoch nach Region und Typ der Landwirtschaft verschieden sein.
- Einige einzigartige Ökosysteme wie Prärien, Feuchtgebiete, die alpine Tundra und Kaltwasser-Regionen werden vor Herausforderungen gestellt.
- Durch Insekten übertragene Krankheiten wie Malaria, Denguefieber und Elephantiasis (eine Lymphstauung) werden sich weiter in Nordamerika ausbreiten.
- Krankheiten und Todesfälle im Zusammenhang mit Luftverschmutzung und Hitzewellen werden vermutlich zunehmen.

Polargebiete: Die natürliche Umwelt in den Polargebieten ist dem Klimawandel besonders stark ausgeliefert. Auch hier lebende Einheimische können sich teilweise den veränderten Bedingungen kaum anpassen.

- Der Klimawandel in den polaren Regionen ist der gravierendste und wird am schnellsten ablaufen.
- Veränderungen lassen sich derzeit bereits erkennen: eine reduzierte Eisdicke in der Arktis, das Auftauen von Permafrost-Böden, Küstenerosion, Veränderungen in der Eisbedeckung und Veränderungen in der Verteilung und im Bestand der hier lebenden Arten.
- Das Eis der Arktis wird schneller schmelzen als Eis anderswo, weil es im Wasser schwimmt. Arktisches Eis kann innerhalb kurzer Zeit vollständig verschwinden. Es ist nicht unwahrscheinlich, dass der Nordpol gegen Ende dieses Jahrhunderts im Sommer ganz eisfrei sein wird. Dies wird katastrophal für die dort lebenden Tierarten sein. Ein Vorteil wäre die Verkürzung der Seeroute von Europa nach Japan.

Inselstaaten sind dem Klimawandel massiv ausgesetzt und haben kaum Möglichkeiten zur Anpassung.

- Der Meeresspiegelanstieg wird schwere Schäden anrichten, zur Erosion der Küstengebiete und zur Vernichtung von Land und Besitz führen. Hinzu kommen mögliche Sturmfluten und die Versalzung des Trinkwassers durch das Einsickern von Meerwasser in die Süßwasservorräte. Gegenmaßnahmen zu treffen erfordert hohen Aufwand.
- Die Schwächung der Ökosysteme im Küstenbereich bedroht die Fischereiindustrie, wirkt sich negativ auf die Landwirtschaft aus und gefährdet Nahrungsmittelversorgung und Wirtschaft.
- Die Landwirtschaft wird unter dem Verlust von bestellbarem Land und der Versalzung der Böden leiden.
- Der Tourismus, der eine wichtige Einnahmequelle für viele Inselstaaten ist, wird sich wahrscheinlich auch drastisch reduzieren, wenn sich der Klimawandel bemerkbar macht.

Verändert nach: http://www.atmosphere.mpg.de/enid/5a0acdca86ba42c27718fde8c6d d3fe6, 55a304092d09/2__Wie_sieht_die_Zukunft_aus_/-_in_den_Erdteilen_2dl.html

1 Erstellen Sie mithilfe eines Gruppenpuzzles eine Weltkarte mit möglichen regionalen Folgen des Klimawandels.

6 Klimaschutz und Klimapolitik

Der Einfluss des Menschen auf unser Klima war zu keiner Zeit größer als heute. Die daraus resultierenden Umweltänderungen werden zum Teil irreversible Schäden entstehen lassen, die viele Menschen in ihrer Existenzgrundlage bedrohen. Der Klimawandel wird weiter voranschreiten, wenn es nicht gelingt, frühzeitig mit einer langfristig angelegten und zielorientierten Klimaschutzpolitik zu beginnen. Doch wo liegen die Handlungsfelder einer globalen Klimaschutzpolitik?

6.1 Lässt sich CO_2 verstecken?

Die Wissenschaftler stellen im Modell des globalen Kohlenstoffkreislaufs die Informationen bereit, die zeigen, an welchen Stellen der Mensch regulierend in diesen Kreislauf eingreifen kann.

M1 *Globaler Kohlenstoffkreislauf*

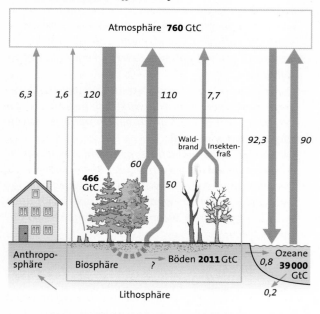

Die fett gedruckten Zahlen stehen für Kohlenstoffvorräte, die kursiven für jährliche Kohlenstoffflüsse in Gigatonnen (GtC, 1 Gt = 10^9 Tonnen)

Nach Fischlin, A. & Fuhrer, J., 2000. Die Klimapolitik bringt die Wissenschaft an ihre Grenzen – Die Herausforderung des Kyoto-Protokolls für die Ökologie NZZ, Nr. 262 (9. Nov. 2000)

↓ „Mögliche Reaktionen des Kohlenstoffkreislaufs auf eine globale Erwärmung
 – In den sich erwärmenden Ozeanen könnte sich die Aufnahmefähigkeit für CO_2 verringern; dadurch würde weniger CO_2 aus der Atmosphäre in das Meerwasser gelangen.
 – Die vertikale Zirkulation des Meerwassers und damit der CO_2-Transport in tiefere Meeresschichten kann sich durch eine erwärmte und damit stabiler geschichtete Oberflächenschicht verlangsamen.

 – Die Lebensbedingungen für die Meeresorganismen im Oberflächenwasser, die große Mengen Kohlenstoff umsetzen, könnten sich ändern.
 – In den Böden könnte sich die Zersetzung toter Biomasse beschleunigen und vermehrt CO_2 in die Atmosphäre freisetzen.
 – Wälder könnten durch veränderte Klimabedingungen absterben und ihren Kohlenstoff an die Atmosphäre abgeben.
 – Die Vegetation könnte bei Erwärmung durch verstärkte Photosynthese vermehrt Kohlenstoff aus der Atmosphäre aufnehmen, würde aber in noch größerem Maße ihre Atmung verstärken, so dass insgesamt mehr CO_2 in die Atmosphäre gelangen würde.
Diese Liste der möglichen Rückkopplungen ist nicht vollständig, weitere sind denkbar. Hinzu kommen Zusammenhänge mit Vorgängen außerhalb des Kohlenstoffkreislaufs, z. B. einwirkend auf die Vegetation Düngeeffekte durch Nitrat und Phosphat aus der Verbrennung fossiler Brennstoffe, Schädigung durch vermehrte UV-Strahlung oder die Folgen eines veränderten Wasserhaushaltes. Obwohl die mitspielenden Zusammenhänge nur sehr unvollständig untersucht und bekannt sind, wird als Gesamtwirkung aller Rückkopplungseffekte eine Beschleunigung der globalen Erwärmung erwartet."*

http://www.hamburger-bildungsserver.de/welcome.phtml?unten=/klima/klimawandel/blk-co1.html

Weltweit tüfteln Wissenschaftler an Verfahren, um die Kohlenstoffdioxid-Emissionen in die Atmosphäre zu verringern. Die grünen Pflanzen sind natürliche CO_2-Senken, welche Kohlenstoffdioxid im Prozess der Fotosynthese mithilfe von Sonnenenergie und Wasser zu energiereichen Kohlenhydraten fixieren. Messungen haben ergeben, dass bis zu 30 % der jährlichen CO_2-Emissionen aus der europäischen Industrie von Wäldern absorbiert werden. Deshalb werden weltweit vor allem die Wälder als ideale Lager für das freiwerdende CO_2 angesehen. Daneben wird versucht, Kohlenstoffdioxid in unterirdische Lager zu bringen.

„Treibhausgas wird tiefgestapelt
↓ Eigentlich ist Kohlendioxid (CO_2) harmlos. Jeder hat es im Atem und schlürft es gern. Als Kohlensäure bringt dieses Gas Bier und Mineralwasser zum Sprudeln. Aus Mund und Gas verschwindet es in die Atmosphäre – und steigert unmerklich ein riesiges Problem. CO_2 wirkt als Treibhausgas wärmeisolierend und erhöht so die Temperatur auf der Erde. Leider entfleucht es nicht nur Mensch und Bier, sondern in riesigen Mengen auch aus Autos, Flugzeugen, Heizanlagen und Kraftwerken, die fossile Brennstoffe wie Erdöl, Gas oder Kohle verfeuern. Indirekt trägt jeder Deutsche jährlich mit zehn Tonnen CO_2 zum Treibhauseffekt

bei. Der weltweite Ausstoß steigt, sollte aber deutlich sinken. Nur zwei Wege führen zu diesem Ziel: Entweder weniger fossile Energie verbrauchen – oder das beim Verfeuern unweigerlich entstehende Kohlendioxid abfangen und von der Atmosphäre wegsperren. CO_2-Sequestrierung (Englisch: Absonderung) geistert als neues Zauberwort durch die Umwelttechnik. Das Klimagas soll im Kraftwerk abgetrennt und sicher deponiert werden.

Mehr als 25 Milliarden Tonnen CO_2 pustet die Menschheit jedes Jahr in die Atmosphäre, ein Drittel davon stammt allein aus Kohlekraftwerken. Die Umwandlung von Kohle in Elektrizität ist daher die mit Abstand größte Gefahr für das Klima. Und sie wächst noch, allen Klimakonferenzen zum Trotz. Denn der Strom für Chinas Wirtschaftsboom wird aus den gewaltigen Kohlevorräten des Landes gewonnen. Die CO_2-Sequestrierung könnte besonders dort zur Wunderwaffe gegen den Treibhauseffekt werden. Das klingt faszinierend. Realistisch ist es – zumindest vorerst – nicht. ...

Auf einer Liste der Internationalen Energie-Agentur stehen 105 einschlägige Forschungsprojekte, rund die Hälfte davon laufen in Nordamerika. 500 Millionen Dollar stellt die US-Regierung in den nächsten zehn Jahren für Entwicklung und Bau eines Versuchskraftwerks zur Verfügung: In ihm soll Kohle in Gas umgewandelt und bereits vor der Verbrennung klimaunschädlich gemacht werden.

Auch in Deutschland wird mit dieser Technik experimentiert, allerdings in erheblich kleinerem Maßstab. ‚Die Amerikaner stecken immer sehr viel Geld in Demonstrationsanlagen, besonders effizient war das bisher aber nicht‘, sagt Roland Berger, der an der Universität Stuttgart eine Technik zur CO_2-Abscheidung in Kohlekraftwerken entwickelt. Fünf Millionen Euro stehen dafür zur Verfügung. Bis Ende nächsten Jahres soll das Konzept eines kleineren Versuchskraftwerks vorliegen. Sein Wirkungsgrad soll trotz CO_2-Abscheidung noch 90 Prozent eines konventionellen Kohlekraftwerks erreichen .

Auch die Deponierung von CO_2 wird weltweit erforscht. Seit 1996 presst der norwegische Ölkonzern Statoil jährlich eine Million Tonnen CO_2 in ausgediente Bohrlöcher des Sleipner-Gasfeldes unter der Nordsee. Das lohnt sich sogar, weil Statoil damit die weltweit einmalige norwegische CO_2-Steuer auf die geförderte fossile Energie einspart. Eine kanadische Ölgesellschaft drückt mit ähnlich großen Mengen CO_2 die verbliebenen Ölreste aus einem fast vollständig ausgebeuteten Feld. Auch das lohnt sich. Ob das Treibhausgas jedoch über längere Zeit im Untergrund bleibt oder schon nach einigen Jahren wieder austritt, ist bisher nicht geklärt. Vor allem ehemalige Öl- und Gasfelder ähneln mit ihren vielen Bohrlöchern eher einem Schweizer Käse als einem hermetisch abgedichteten Endlager.

Unter dem Namen CO_2-sink soll nun ein europäisches Forschungsprojekt erstmals genauer klären, was mit dem CO_2 im Untergrund passiert. In der Nähe von Ketzin, einer Kleinstadt westlich von Berlin, wird das Geoforschungszentrum Potsdam von Oktober 2006 an über drei Jahre rund 75 000 Tonnen CO_2 in eine mit Salzwasser gefüllte poröse Sandsteinschicht in 600 bis 700 Meter Tiefe pressen. Diese ‚salinaren Aquifere‘ stellen weltweit die mit Abstand größte Lagerkapazität für CO_2 dar. Theoretisch könnten sie über mehrere hundert Jahre den gesamten Ausstoß aller Kraftwerke aufnehmen. Wie sich CO_2 dort ausbreitet und mit Salzwasser verbindet, soll in Ketzin genau beobachtet werden.

Zuvor mussten die Wissenschaftler allerdings ein unerwartetes Problem lösen: Obwohl in Deutschland pro Jahr rund 850 Millionen Tonnen CO_2 in die Luft geblasen werden, ist das Gas ein teurer Stoff. ‚Ich bin durchs ganze Land gereist und habe 25 verschiedene Optionen für die Beschaffung geprüft‘, klagt Günter Borm, Leiter des Projekts. Doch entweder war das angebotene Gas für seine Forschung zu teuer oder nicht in den benötigten Mengen verfügbar. Am liebsten hätte Borm das CO_2 aus einer benachbarten Biogasanlage bezogen. In der Öffentlichkeit hätte sich die Kombination aus erneuerbarer Energie und zusätzlicher CO_2-Abscheidung gut verkaufen lassen. Doch es war einfach nicht genug Biomasse aufzutreiben, um genügend Gas für die gesamte Projektlaufzeit zu garantieren. Nun muss das CO_2 aus einer Rohölraffinerie in Schwedt herangeschafft werden. Um es dort aus der Abluft zu gewinnen, sind Investitionen in Millionenhöhe erforderlich. Zwei Tanklaster sollen das verflüssigte Gas im Pendelverkehr nach Ketzin bringen. Am Ende wird so jede Tonne CO_2 rund 100 Euro kosten.

Ungewollt illustriert das Projekt in Ketzin damit das größte Dilemma der Sequestrierung: Selbst wenn die technischen Probleme bei der Abscheidung, beim Transport und bei der Deponierung gelöst werden, bleibt die Frage, ob das Ganze zu vertretbaren Kosten gelingt. Manfred Fischedick vom Wuppertal Institut für Klima, Umwelt und Energie hat für das Bundesumweltministerium alle Kostenschätzungen zusammengetragen, die derzeit in Umlauf sind. Danach wird der Preis für jede sequestrierte Tonne CO_2 bei ausgereifter Technik zwischen 34 und 94 Euro liegen. Schon heute lässt sich mit Wasser- oder Windkraft eine Tonne CO_2 für 70 bis 80 Euro vermeiden; dieser Preis dürfte in den nächsten 20 Jahren dank besserer Technik noch um ein Drittel sinken.

Verbessert man bestehende Kohlekraftwerke, dann kostet die Vermeidung einer Tonne CO_2 bereits weniger als 50 Euro. Im europäischen Emissionshandel wird eine Tonne des Gases sogar weit darunter verhökert.“

Dirk Asendorpf: Treibhausgas wird tiefgestapelt DIE ZEIT 1. 9. 2005 Nr. 36

1 Stellen Sie dar, an welchen Stellen der Mensch in den Kohlenstoffkreislauf eingreifen kann.
2 Bewerten Sie die Versuche, das bei der Verbrennung von fossilen Brennstoffen entstehende CO_2 in den Kohlenstoffsenken Wald oder Gestein verschwinden zu lassen.

6.2 Das Kyoto-Protokoll: staatliche Anreize zum Klimaschutz

Seit 1979 werden regelmäßig Konferenzen zum Klimaschutz abgehalten. Die Klimarahmenkonvention (engl: United Nations Framework Convention on Climate Change UNFCCC) wurde auf dem Weltgipfel für Umwelt und Entwicklung 1992 in Rio de Janeiro angenommen und trat 1994 in Kraft. Sie ist der erste internationale Vertrag, der den Klimawandel als ernstes Problem bezeichnet und die Staatengemeinschaft zum Handeln verpflichtet. Die 186 Unterzeichnerstaaten verpflichten sich, Programme zur Verringerung der Treibhausgasemissionen auszuarbeiten und regelmäßige Berichte vorzulegen. Die Konvention bildet die internationale Grundlage, die seit dem Ende des 20. Jahrhunderts stark angestiegenen Kohlenstoffdioxidemissionen zu verringern. Zur Durchsetzung dieser Ziele wurde am 11. Dezember 1997 in der japanischen Stadt Kyoto ein Rahmenübereinkommen über Klimaänderungen protokolliert, welches rechtlich verbindliche Grenzen für die Treibhausemissionen in den Industriestaaten vorschreibt.

M1 Globale Kohlenstoffdioxid-Emissionen

Entwicklung der Welt-Kohlenstoffdioxyd-Emissionen seit 1990 in Mrd. Tonnen

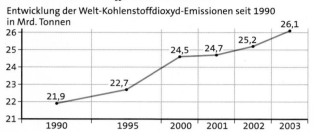

Entwicklung der Welt-Kohlenstoffdioxyd-Emissionen 2003 (in %)

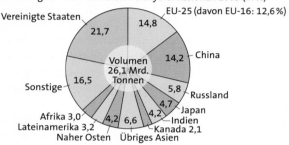

Nach Frankfurter Allgemeine Zeitung vom 16. Februar 2005

M2 CO₂-Emissionen in Deutschland von 1990 bis 2002 nach Sektoren (bis Anfang 2006 liegen keine neueren Daten vor)

Sektoren	1990	1998	2001	2001	2002	Durchschnitt 2000/02	Veränderung 1990 bis 2000/02
	Mio. t CO₂						%
Energieerzeugung/-umwandlung	439,2	365,1	361,1	369,1	373,0	367,7	−16,3
− Kraftwerke	353,8	313,1	309,5	316,9	322,0	316,1	−10,7
− Heizkraftwerke/Fernheizwerke und übrige Umwandlungsbereiche	85,4	52,0	51,6	52,2	51,0	51,6	−39,5
Summe Industrie	196,9	142,9	142,1	137,0	133,5	137,5	−30,2
− Industrie (energiebedingt)	169,3	117,3	116,0	112,6	109,1	112,5	−33,5
− Industrieprozesse	27,6	25,6	26,1	24,4	24,4	25,0	−9,5
Summe Energie und Industrie	636,1	508,0	503,2	506,1	506,5	505,2	−20,6
Gewerbe/Handel/Dienstleistungen	90,5	66,4	59,2	63,0	59,0	60,4	−33,3
Verkehr	158,8	175,7	178,4	174,6	172,6	175,2	+10,3
Haushalte	129,0	131,3	116,0	129,9	119,9	121,9	−5,5
Summe andere Sektoren	378,4	373,4	353,6	367,5	351,5	357,5	−5,5
Gesamtemissionen	1014,4	881,4	856,8	873,5	858,0	862,8	−14,9

http://www.emissionshandel-fichtner.de/deutscher_NAP_CO₂Emissionen_in_D.html

M3 Zuwachs an CO₂-Emissionen für ausgewählte Länder und Regionen

Zuwachs 2002−2003 in %

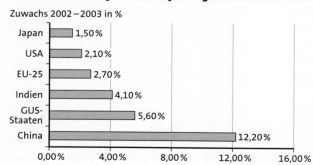

Zuwachs 2002−2003 in Mt

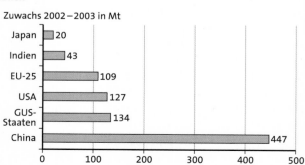

Nach Bertrand Château: World CO₂-energy emissions balance and impacts of the Kyoto Protocol in Europe, Paris 2005, www.enerdata.fr

↓ *Kyoto-Protokoll – Baustein einer globalen Ordnung*
„Das Kyoto-Protokoll wurde auf der 3. Vertragstaaten-konferenz der UN-Klimarahmenkonvention im Dezember 1997 angenommen. Es ist das wichtigste der globalen Umweltabkommen. Über seine Bedeutung als Meilenstein im globalen Klimaschutz hinaus hat es große entwicklungspolitische Wirkung und stellt ein neues Element der Weltwirtschaftsordnung dar. Das Kyoto-Protokoll besitzt als Baustein einer wirksamen 'global governance' Modell- und Symbolwirkung.

Das Kyoto-Protokoll trat am 16. Februar 2005 in Kraft. Nachdem Russland Ende Oktober 2004 ratifiziert hatte, war die Schwelle für das In-Kraft-Treten erreicht: Das KP tritt nämlich dann in Kraft, wenn mindestens 55 Staaten, auf die mindestens 55 % der CO_2-Emissionen der sog. Annex I-Staaten (Industrieländer) nach dem Stand von 1990 entfallen, den Vertrag ratifiziert haben.
Mehr als 150 Staaten beabsichtigen die Ratifizierung, 141 Staaten haben bereits ratifiziert. Die Mitgliedstaaten der EU haben am 31.5.2002 ihre Ratifikationsurkunden hinterlegt. Von den Industrieländern beabsichtigen lediglich die USA und Australien, nicht zu ratifizieren. Australien will allerdings seine Emissionen freiwillig so weit reduzieren, als hätte es das Kyoto-Protokoll ratifiziert. Auch die überwältigende Mehrheit der Schwellen- und Entwicklungsländer hat ratifiziert, so auch China, Indien und Brasilien.

Klimapolitische Verpflichtungen
Mit dem Kyoto-Protokoll hat sich die Staatengemeinschaft zum ersten Mal auf verbindliche Ziele und Maßnahmen

für den Klimaschutz geeinigt. Das Kyoto-Protokoll legt globale Obergrenzen für die Emission von Treibhausgasen fest. Die Industrieländer erkennen ihre historische Verantwortung für die Erderwärmung an und machen den ersten Schritt, in dem nur sie (nicht die Entwicklungsländer) in der ersten Verpflichtungsperiode von 2008 bis 2012 Reduktionsverpflichtungen übernehmen.
Die Industrieländer verpflichten sich im Kyoto-Protokoll, ihre gemeinsamen Emissionen der wichtigsten Treibhausgase im Zeitraum 2008 bis 2012 um mindestens 5 % unter das Niveau von 1990 zu senken. Neben dem Einsparen von eigenen Emissionen stehen den Staaten drei flexible Instrumente zur Zielerreichung zur Verfügung: der weltweite Handel mit Treibhausgas-Emissionsrechten (Emissionshandel), Entwicklung und Transfer von einschlägiger Technologie (Joint Implementation) und das Umsetzen von Maßnahmen in Entwicklungsländern (Clean Development Mechanism).
Insgesamt besitzt das Kyoto-Protokoll ein präzedenzloses System der Erfüllungskontrolle. Ferner werden drei Fonds eingerichtet, die die Entwicklungsländer bei der Anpassung an die Erderwärmung und bei eigenen Klimaschutzmaßnahmen unterstützen."

http://www.auswaertiges-amt.de/www/de/aussenpolitik/vn/umweltpolitik/klima_html

1 Erläutern Sie die Bedeutung einzelner Staaten für die weltweiten CO_2-Emissionen.
2 Erklären Sie, weshalb der Verkehr in Deutschland eine bedeutende Rolle bei der Reduktion der CO_2-Emissionen spielt.
3 Vergleichen Sie für das Kyoto-Ziel „Ist und Soll" mithilfe einer Internet-Recherche.

M 4 **Ziele des Kyoto-Protokolls**
Angestrebte Veränderung des CO_2-Ausstoßes in den Industrieländern
(2008 bis 2012 im Vergleich zu 1990 in %)

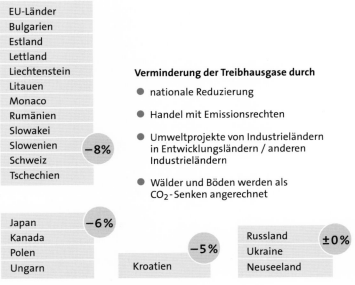

Nach www.arte-tv.com/static/c1/Klima/kyoto_de_gr.jpg

↓ Auszug aus dem Kyoto-Protokoll

„Die Staaten verpflichten sich, entsprechend ihren nationalen Gegebenheiten, folgende Politiken und Maßnahmen umzusetzen oder näher auszugestalten:

– Verbesserung der Energieeffizienz in maßgeblichen Bereichen der Volkswirtschaft,

– Schutz und Verstärkung von Senken und Speichern (Im Rahmenübereinkommen der Vereinten Nationen über Klimaänderungen von 1992 wurde definiert: ‚Speicher‘ sind ein oder mehrere Bestandteile des Klimasystems, in denen ein Treibhausgas oder eine Vorläufersubstanz eines Treibhausgases zurückgehalten wird. Eine ‚Senke‘ ist ein Vorgang, eine Tätigkeit oder ein Mechanismus, durch die ein Treibhausgas, ein Aerosol oder eine Vorläufersubstanz eines Treibhausgases aus der Atmosphäre entfernt wird. ... Das bedeutet, dass beispielsweise die Kohlendioxid-Bindung durch Aufforstung neuer oder die Wiederherstellung alter Waldflächen dafür sorgt, dass der Atmosphäre Treibhausgase entzogen werden. Bäume nehmen durch die Photosynthese Kohlendioxid auf und gelten daher als Senken. Diese Kohlenstoffeinbindung in Senken soll bis zu gewissen Grenzen auf die Emissionsreduktionsverpflichtungen angerechnet werden.),

– Förderung nachhaltiger landwirtschaftlicher Bewirtschaftungsformen ...,

– Erforschung und Förderung, Entwicklung und vermehrte Nutzung von neuen und erneuerbaren Energieformen, von Technologien zur Bindung von Kohlendioxid und von fortschrittlichen und innovativen umweltverträglichen Technologien,

– fortschreitende Verringerung oder schrittweise Abschaffung von ... steuerlichen Anreizen, Steuer- und Abgabenbefreiungen und Subventionen, die im Widerspruch zum Ziel des Übereinkommens stehen, in allen Treibhausgase verursachenden Sektoren und Anwendung von Marktinstrumenten,

– Maßnahmen zur Begrenzung oder Reduktion von Emissionen der Treibhausgase des Verkehrsbereiches, die nicht durch das Montrealer Protokoll geregelt sind,

– Begrenzung oder Reduktion von Methan-Emissionen durch Rückgewinnung und Nutzung im Bereich der Abfallwirtschaft sowie bei Gewinnung, Beförderung und Verteilung von Energie.“

http://www.bundesregierung.de/Politikthemen/Umwelt-,12011/Kyoto-Protokoll-allge-mein.htm#lastenverteilung

↓ Was sind die Kyoto-Mechanismen?

„Die so genannten flexiblen Mechanismen sollen auf kosteneffiziente Weise zur Erreichung der Ziele beitragen. Es sind jene marktwirtschaftlichen Instrumente, die es den Industriestaaten ermöglichen, einen Teil ihrer Verpflichtungen zur Reduktion der Treibhausgasemissionen durch Aktivitäten in anderen Ländern oder durch den Emissionshandel einzulösen.

Neben dem Emissionshandel (Emission Trading) wurden als flexible Mechanismen der ‚Clean Development Mechanism‘ (CDM) und das ‚Joint Implementation‘ (JI) vorgesehen.

– Handel mit Emissionszertifikaten (Emissionshandel), der sowohl umweltfreundliche Investitionen fördert als auch die Kosteneffizienz des Klimaschutzes erhöht. Europaweiter Start erfolgte am 1. Januar 2005. Verfahren: Jeder Verursacher von Emissionen muss für die von ihm verursachte Einheit an Verschmutzung über ein Zertifikat verfügen. Verbraucht ein Lizenznehmer nicht alle Zertifikate, kann er diese an andere Teilnehmer verkaufen, die einen Überschuss an Verschmutzung zu decken haben.

– Durch die Clean Development Mechanism können Industriestaaten Reduktionen von Treibhausgasemissionen durch Projekte in Entwicklungsländern vergleichsweise kostengünstig vornehmen und dafür national anrechenbare Reduktionszertifikate (sog. Credits) erwerben.

– Mithilfe von ‚Joint Implementation‘ kann in projektbezogenen Kooperationen mit anderen Industriestaaten die Reduktion von klimarelevanten Schadstoffen erreicht werden. Länder mit hohen Emissionsreduktionskosten können mit Ländern, die niedrigere Reduktionskosten aufweisen, kooperieren und für die entstehende Absenkung der Treibhausgasemissionen ‚credits‘ erhalten, die für die Erreichung der nationalen Reduktionsziele anrechenbar sind.“

http://www.bundesregierung.de/Politikthemen/Umwelt-,12011/Kyoto-Protokoll-allge-mein.htm#lastenverteilung

M1 Wie funktioniert der Emissionshandel?

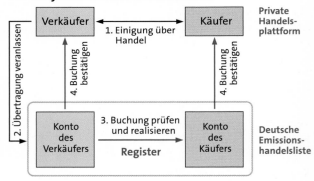

http://www.dehst.de/cln_007/nn_91274/DE/Emissionshandel/Emissionshandel_20in_20Deutschland/Funktionsweise_20des_20Handels/Funktionsweise_20des_20Han-dels__node.html__nnn=true

↓ Wie die Volkswirtschaft vom Handel mit Emissionszertifikaten profitiert

„Wie sich die Emissionen möglichst kostengünstig reduzieren lassen, mag ein einfaches Beispiel illustrieren: Die Produktionsanlagen der Unternehmen A und B stoßen jeweils 11 000 Tonnen CO_2 pro Jahr aus, zusammen also 22 000 Tonnen. Das staatlich vorgegebene Emissionsziel beträgt jedoch insgesamt nur 20 000 Tonnen CO_2, wobei jedes der beiden Unternehmen Rechte für 10 000 Tonnen Emissionen gratis zugeteilt bekommt. Folglich müssen die beiden Unternehmen ihren Ausstoß an CO_2 um zusammen 2 000 Tonnen mindern. Die Kosten dafür sind in der Regel unterschiedlich. Beispielsweise muss Unternehmen A für jede vermiedene Tonne CO_2 5 Euro investieren, während Unternehmen B dafür 9 Euro ausgeben muss. Reduziert nun jedes Unternehmen für sich den CO_2-Ausstoß jeweils um 1 000 Tonnen, so fallen für A Kosten in Höhe von 5 000 Euro an und für B 9 000 Euro. Somit kostet die gesamte Minderung der Emissionen 14 000 Euro. Das Emissionsziel von 20 000 Tonnen CO_2 ist preiswerter zu erreichen, wenn nur A seine Emissionen mindert. In diesem Falle emittiert B weiterhin 11 000 Tonnen CO_2, während A seine Emissionsmenge um 2 000 auf 9 000 Tonnen verringert, was nun 10 000 Euro kostet. Der Anreiz für A besteht im Verkauf seiner überschüssigen Emissionsrechte für 1 000 Tonnen, sofern dafür mehr als 5 Euro je Tonne erzielt werden können. Da B genau diese Menge an Rechten fehlt und seine Minderung 9 Euro je Tonne kosten würde, wird B bereit sein, diese Rechte für einen geringeren Preis zu kaufen.

Einigen sich beide beispielsweise auf 7 Euro je Tonne, fallen bei B Kosten von 7 000 Euro (für den Kauf) an und bei A von 3 000 Euro (10 000 Euro Minderungskosten abzüglich 7 000 Euro Verkaufserlös). Folglich sind nicht nur die Gesamtkosten kleiner als im zuvor betrachteten Fall, sondern auch die Kosten für jedes der beiden Unternehmen."

Karl-Martin Ehrhart und Joachim Schleich: Handel mit Emissionsrechten in: Die Erde im Treibhaus, Spektrum der Wissenschaft (Dossier), 2/2005, S. 41 ff

↓ Ein marktwirtschaftlicher Vorschlag für mehr Klimaschutz
„Ohne eine radikale Änderung des Kyoto-Protokolls, ohne seine marktwirtschaftliche Einordnung und ohne die Einbeziehung der Entwicklungsländer ist die Klimakatastrophe nicht zu verhindern. Ob die Amerikaner allerdings die einzig zielführende Strategie unterstützen würden, ist fraglich: Ihr Kern wäre das gleiche Recht jedes Menschen, Treibhausgase zu emittieren – und die Möglichkeit, mit diesen Rechten zu handeln. Das klingt nach akademischer Gedankenspielerei. Tatsächlich lässt sich aber im Prinzip nur durch die Ausgabe solcher handelbarer Zertifikate das Ziel erreichen, ,gefährliche Störungen des Klimasystems' zu verhindern, wie es im Kyoto-Protokoll heißt. Zu diesem Zweck müssten entsprechend einem noch zu vereinbarenden Kyoto-I-Vertrag zunächst so viele Klimazertifikate ausgegeben werden, wie sie den Emissionen des Vorjahres entsprächen. Käme es beispielsweise im Jahr 2015 zu der notwendigen Reform, wären es voraussichtlich rund 30 Milliarden Tonnen Kohlendioxid (CO_2). Diese Zertifikate wären dann über einen Zeitraum von 35 bis 40 Jahren abzuwerten, so dass am Ende weltweit nicht mehr als 10 Milliarden Tonnen CO_2 emittiert werden dürften. Dieser Zielwert stimmte überein mit den Erkenntnissen und Forderungen der Klimaforscher.

Wer aber soll wie viele Emissionsrechte erhalten? Der einzig gerechte Verteilungsschlüssel wäre – entsprechend dem Prinzip ,One man, one vote' – das ,One man, one climate emission right'-System. Oder hat etwa nicht jeder Mensch dieser Erde das gleiche Recht (oder Unrecht), die Atmosphäre mit Klimagasen zu belasten? Wenn also demnächst 7,5 Milliarden Menschen die Erde bevölkern, bekommt jeder Staat pro Einwohner vier Tonnen CO_2-Emissionsrechte kostenfrei zugewiesen. Insgesamt ergäbe das 30 Milliarden Tonnen, was zunächst keine weltweite Knappheit bedeutete. Die weltweiten Pro-Kopf-Emissionen lagen im Jahr 2000 bei exakt 3,89 Tonnen.
Allerdings: Die US-Bürger emittieren gegenwärtig pro Kopf jährlich mehr als 20 Tonnen, die EU-Bürger durchschnittlich mehr als 8 und die Deutschen mehr als 10 Tonnen – während auf das Konto der Afrikaner oder Inder weniger als eine Tonne geht und sich die Chinesen mit 2,4 Tonnen begnügen. Ändert sich an diesen Relationen bis zur Einführung des Kyoto-I-Systems grundsätzlich nichts, müssten also die Industriestaaten Zertifikate von weniger klimabelastenden Nationen, meist Entwicklungs- und Schwellenländern, kaufen. Der Effekt: Plötzlich wäre es für alle Länder von wirtschaftlichem Interesse, sich klimaschonend zu entwickeln oder umzustrukturieren. Klimabelastung kostete nämlich Geld: weil die Zertifikate teuer erworben werden müssen; oder weil weniger Zertifikate verkauft werden können.
Die allmählichen Entwertungen der Zertifikate verstärken den Marktanreiz noch: Klimabelastung wird immer teurer, Klimaschutz aber immer rentabler. Ein flexibles, länderbezogenes Controlling- und ein weltweites Antibetrugs-System müssten selbstverständlich für die Einhaltung der Spielregeln sorgen.
Selbst umweltengagierte Zeitgenossen mögen indes den Vorschlag für zu radikal, gar für ,weltfremd' halten. Tatsächlich ist er nur die instrumentelle Umsetzung dessen, was die Klimaforscher fordern, damit unsere Kinder nicht apokalyptische Zustände erleben müssen."

Lutz Wicke: Radikal, aber gerecht. In: DIE ZEIT 9. 10. 2003 Nr. 42

1 Beschreiben Sie, wie der Handel mit Emissionszertifikaten in Deutschland funktioniert.
2 Stellen Sie mithilfe einer Grafik dar, wie die Volkswirtschaft vom Handel mit Emissionszertifikaten profitiert.
3 Erklären Sie, weshalb der Beitritt Russlands zum Kyoto-Protokoll so folgenreich ist.
4 Erläutern Sie, wie Unternehmen und die Volkswirtschaft vom Emissionshandel profitieren.
5 Beschreiben Sie Kritikpunkte am Kyotoabkommen.
6 Bewerten Sie den Vorschlag des „One man, one climate emission right"-Systems.
7 Untersuchen Sie mithilfe einer Internetrecherche, inwieweit Deutschland und Europa ihren Verpflichtungen aus dem Kyotoabkommen nachkommen.

6.3 Klimarelevantes Handeln auf lokaler Ebene

Die Stadt München hat sich zusammen mit über 1000 anderen europäischen Städten verpflichtet, ihre Emissionen des wichtigsten Treibhausgases CO_2 bis zum Jahr 2010 auf die Hälfte des Wertes von 1987 zu senken. Zwischen 1987 und dem Jahr 2000 sanken die Emissionen bereits um 12 %. Um ihr Ziel zu erreichen, hat die Stadt ein Gutachten in Auftrag gegeben, wie eine Halbierung der Emissionen erreicht werden kann.

M1 Handlungsfelder

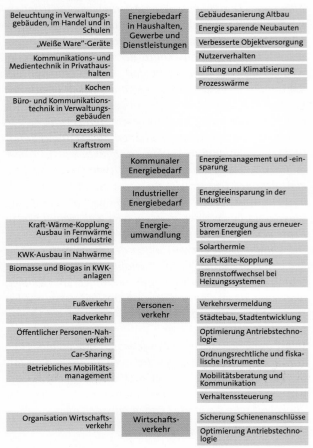

Klimaschutz am Beispiel der Stadt München: Strategien für eine Halbierung der CO_2-Emission. Bundesministerium für Umwelt, Naturschutz und Reaktorsicherheit. Berlin: 2005, S. 12, 13

↓ *Die Handlungsmöglichkeiten der Stadt München, ihre CO_2-Emissionen zu halbieren*
„Die Stadt und ihre Einwohner haben viele Möglichkeiten, um die Treibhausgasemissionen zu senken. Die obenstehend dargestellte Struktur soll verantwortlichen Mitarbeitern der Stadtverwaltung helfen, Handlungsschwerpunkte für die kommunale Klimaschutz-Strategie zu bestimmen.
Für die Auswahl der wichtigsten Handlungsfelder wurden fünf Kriterien herangezogen:
– die Größe des CO_2-Einsparpotenzials gegenüber der Referenzentwicklung,

– die Wirtschaftlichkeit der umzusetzenden Maßnahmen,
– die Rahmenbedingungen für die Umsetzung von Maßnahmen und die Einflussmöglichkeiten der Stadt auf die entscheidenden Akteure,
– die Zusatzeffekte der Klimaschutzmaßnahmen; so können diese sich zum Beispiel positiv auf weitere Ziele der Stadt wie Lärmschutz oder die Schaffung von Arbeitsplätzen auswirken,
– die Bedeutung für eine Klimaschutz-Gesamtstrategie in der Landeshauptstadt München; zum Beispiel können bestimmte Aktivitäten kurzfristig sinnvoll sein, um später darauf aufbauende Programme wirksamer umzusetzen."

Entscheidend für eine Emissionsminderung sind nicht nur die städtischen Aktivitäten, sondern besonders auch das Handeln der privaten Haushalte. Sie emittieren fast 14 % des Kohlenstoffdioxids in Deutschland und haben zusätzlich noch einen großen Anteil an den verkehrsbedingten CO_2-Emissionen.

↓ *Wie sieht die CO_2-Emissionsbilanz einer typischen Familie aus?*
„Familie Müller wohnt mit ihren zwei Kindern in einem 120 Quadratmeter großen Einfamilienhaus. Die Tankuhr hat letztes Jahr einen Verbrauch von 2400 Litern Heizöl für Heizung und Warmwasser angezeigt. Da bei der Verbrennung eines Liters Heizöl rund 3 kg CO_2 anfallen, hat Familie Müller für das Heizen und das Warmwasser rund 7 Tonnen CO_2 in die Atmosphäre ausgestoßen.
Auch der Stromzähler war nicht faul. 4000 kWh hat das Energieversorgungsunternehmen im letzten Jahr abgerechnet. Da bei der Stromerzeugung nur 35–38 % der Brennstoffenergie in Strom umgewandelt wird, sind die Emissionen pro kWh Strom höher als beim direkten Erdgas- oder Heizöleinsatz. Rund 2,6 Tonnen CO_2-Emissionen entstehen so über die Stromnutzung.
Familie Müller besitzt ein Mittelklasseauto und nutzt es auch rege. Durchschnittlich 15 000 Kilometer legt die Familie pro Jahr zurück. Bei einem Durchschnittsverbrauch von 9 Litern pro 100 km tankt sie rund 1 350 Liter Benzin pro Jahr. Da bei der Verbrennung eines Liters Benzin etwa 2,3 kg CO_2 entstehen, verlassen jährlich rund 3,1 Tonnen CO_2 den Auspuff.
Einmal alle zwei Jahre macht die vierköpfige Familie Urlaub auf den Kanaren. Dieser Ferienflug der ganzen Familie schlägt auf das Jahr umgerechnet mit etwa drei Tonnen CO_2 zu Buche.
Neben den direkten Emissionen durch Heizen, Auto fahren und die Nutzung der Haushaltsgeräte verursacht die Familie Müller auf indirektem Wege Energieverbrauch, zum Beispiel durch Nahrungsmittel oder in Anspruch genommene Dienstleistungen. Jedes Produkt, das gekauft,

genutzt und weggeworfen wird, verursacht Emissionen bei der Erzeugung, bei seinem Weg zum Verbraucher und bei der Entsorgung."

http://www.aktion-klimaschutz.de/show_article.cfm?id=608

↓ Was kann ich tun?

„Wer nach der Maxime ‚Verwenden statt Verschwenden‘ handelt, kann einen aktiven Beitrag zum Klimaschutz leisten, denn Klimaschutz geht nicht nur Industrie und Energiewirtschaft etwas an. Im privaten Umfeld entfallen ungefähr 70 % der genutzten Energie auf Heizenergie. Die verbleibenden 30 % verteilen sich auf Strom und andere Bereiche. Damit liegt ein mögliches Einsparpotenzial klar auf der Hand: Allein eine um nur 1 °C gesenkte Raumtemperatur reduziert den Bedarf an Heizenergie um 6 %. Durch den Verzicht auf die ständige Bereitschaftsschaltung (Stand-by-Funktion) von Fernseher, CD-Spieler, Computer oder anderen Elektro(nik)-Geräten kann viel Energie und Geld gespart werden. Die Leerlaufverluste sind immens – sie machen über 10 % des Stromverbrauchs der Privathaushalte aus. Im Durchschnitt kann hier jeder Haushalt mindestens 50 Euro Stromkosten pro Jahr sparen. Energieeinsparung ist also nicht gleichzusetzen mit Einschränkung oder dem Verlust von Lebensqualität. Es ist eine Entscheidung für rohstoffschonende, neue und zukunftsweisende Technologien und umweltbewusstes Handeln. Im Folgenden einige Beispiele, was jede und jeder Einzelne tun kann:

– Zimmer nicht überheizen (Richtwerte: Schlafzimmer: 16 – 18 °C, sonstige Zimmer: 18 – 20 °C).
– Beim Kauf neuer Geräte auf den Energieverbrauch achten: stets Energieeffizienzklasse A wählen und auf die Energielogos achten.

– Alte ineffiziente Heizkessel durch neue Energie sparende Technik ersetzen.
– Vernünftig lüften: Ein geöffnetes Fenster bei laufender Heizung belastet die Umwelt und Ihr Portemonnaie.
– Defensiv fahren und nicht rasen; bei Tempo 160 ist der Kraftstoffverbrauch um rund 50 % höher als bei 120 km/h.
– Bilden Sie Fahrgemeinschaften und nutzen Sie Car-Sharing-Angebote.
– Noch besser: Umsteigen auf Bahn, öffentlichen Personennahverkehr und Fahrrad, wann immer dies möglich ist.
– Wenn Sie ein eigenes Auto brauchen, fragen Sie nach Sparmodellen. Auch Erdgasfahrzeuge bieten eine wirtschaftliche Alternative: Sie haben weder ein Rußpartikel- noch ein Stickoxidproblem und sind bis 2020 bei der Mineralölsteuer begünstigt.
– Kaufen Sie Produkte aus der Region, die keine langen Transportwege benötigen.
– Ostseestrand statt Fernost: Auch in Deutschland und seinen Nachbarländern gibt es weiße Sandstrände, klare Bergseen, unberührte Natur: Alles ist da und schnell zu erreichen. So lässt sich eine klimaschädliche Flugreise vermeiden."

Das Kyoto-Protkoll: Bundesministerium für Umwelt, Naturschutz und Reaktorsicherheit (BMU), Referat Öffentlichkeitsarbeit • 11055 Berlin, Februar 2005, S. 22 ff

1 Stellen Sie in einer Übersicht zusammen, welche Projekte in ihrer Gemeinde zur Reduktion von CO_2-Emissionen durchgeführt werden oder geplant sind.

2 Überprüfen Sie mithilfe des Textes oben, ob Sie ihren Beitrag zum Klimaschutz erhöhen können.

M 2 Vergleich verschiedener Verkehrsmittel auf der Strecke Frankfurt – Berlin

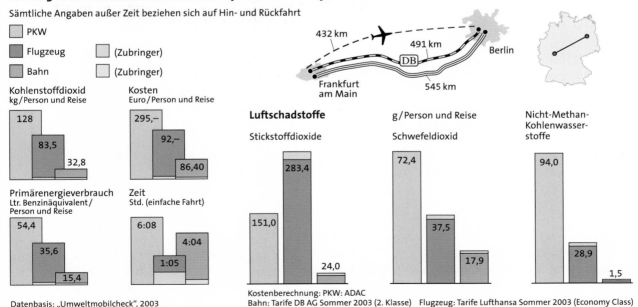

Sämtliche Angaben außer Zeit beziehen sich auf Hin- und Rückfahrt

☐ PKW
◼ Flugzeug   ☐ (Zubringer)
◼ Bahn   ☐ (Zubringer)

432 km
491 km
545 km
Berlin
Frankfurt am Main

Kohlenstoffdioxid kg/Person und Reise
128 | 83,5 | 32,8

Kosten Euro/Person und Reise
295,– | 92,– | 86,40

Primärenergieverbrauch Ltr. Benzinäquivalent/Person und Reise
54,4 | 35,6 | 15,4

Zeit Std. (einfache Fahrt)
6:08 | 1:05 | 4:04

Luftschadstoffe   g/Person und Reise

Stickstoffdioxide
151,0 | 283,4 | 24,0

Schwefeldioxid
72,4 | 37,5 | 17,9

Nicht-Methan-Kohlenwasserstoffe
94,0 | 28,9 | 1,5

Datenbasis: „Umweltmobilcheck", 2003

Kostenberechnung: PKW: ADAC
Bahn: Tarife DB AG Sommer 2003 (2. Klasse)   Flugzeug: Tarife Lufthansa Sommer 2003 (Economy Class)

Nach Deutsche Bahn AG Berlin: Unterwegs für den Klimaschutz, Unterrichtsmaterialien für die Sekundarstufe 2, Berlin 2004, Folie 3

7 Literaturhinweise

Cubasch, Ulrich u. Dieter Kasang: Anthropogener Klimawandel: Stuttgart/Gotha 2000

Glaser, Rüdiger: Klimageschichte Mitteleuropas: Darmstadt 2001

Houghton, John T., Ding Yihui, David J. Griggs, u. a.: IPCC Third Assessment Report: Climate Change 2001: The Scientific Basis; Cambridge 2001

Latif, Mojib: Hitzerekorde und Jahrhundertflut: Herausforderung Klimawandel. Was wir jetzt tun müssen: München 2003

Latif, Mojib: Klima: Frankfurt 2004

Lauer, Wilhelm u. Jörg Bendix: Klimatologie: Braunschweig 2004

Lynas, Mark: Sturmwarnung: München 2004

McCarthy, James J., Osvaldo F. Canziani, Neil A. Leary, u. a.: IPCC Third Assessment Report: Climate Change 2001: Impacts, Adaptation and Vulnerability.: Cambridge 2001

Münchener Rückversicherungs-Gesellschaft (Hrsg.): Wetterkatastrophen und Klimawandel: Sind wir noch zu retten? München 2005

Schönwiese, Christian-Dietrich: Klimatologie: Stuttgart 2003

Schönwiese, Christian-Dietrich: Klimaänderungen: Berlin 1995

Stefan Rahmstorf u. Hans-Joachim Schellnhuber: Der Klimawandel: München 2006

Watson, R.T. u. the Core Writing Team: IPCC Third Assessment Report: Climate Change 2001: Synthesis Report: Cambridge 2002

Weischet, Wolfgang: Einführung in die Allgemeine Klimatologie: Stuttgart 2002

Zängl, Wolfgang u. Sylvia Hamberger: Gletscher im Treibhaus: Eine fotographische Zeitreise in die alpine Eiswelt: Steinfurt 2004

ZEITSCHRIFTEN

Petermanns geographische Mitteilungen: H. 4/2000: Klimawandel: Gotha 2000

Petermanns geographische Mitteilungen: H. 6/2001: Umweltkatastrophen: Gotha 2001

Spektrum der Wissenschaft: Dossier Klima: Heidelberg 2002

Spektrum der Wissenschaft: Dossier Die Erde im Treibhaus: Heidelberg 2005

CD

Frater, Harald: Wetter und Klima: Gotha 2001

Klett Perthes: Klimaglobal: Gotha 2002

Vester, Frederik: Zeitbombe Klimawandel: Rosenheim 2006

INTERNETLINKS

http://lbs.hh.schule.de/index.phtml?site=themen.klima

http://www.atmosphere.mpg.de/enid/59fe3124fe543eb24877dbd354664355,0/Service/Home_ic.html

http://www.bmu.de/ueberblick/klima_und_energie/aktuell/4039.php

http://www.dehst.de/cln_007/nn_91274/DE/Home/homepage__node.html__nnn=true

http://www.dkrz.de/dkrz/intro_s

http://www.emissionshandel-fichtner.de/downloads.html#EU

http://www.g-o.de/index.php?cmd=focus_detail&f_id=35&rang=1

http://www.ipcc.ch/index.html

http://www.klimaschuetzen.de

http://www.learn-line.nrw.de/angebote/agenda21/thema/klima.htm

http://www.munichre.com/

http://www.pik-potsdam.de/pik_web/index_html_d

http://www.who.int/globalchange/en/

http://www.worldviewofglobalwarming.org/

ISBN10 **3-623-29555-8**
ISBN13 **978-3-623-29555-8**

Arme Welt – Reiche Welt

SII Arbeitsmaterial

TERRA
global

Klett

Impressum

TERRAglobal
Herausgegeben von Dr. Thomas Hoffmann und Dr. Wilfried Korby

Arme Welt – Reiche Welt
Von Dr. Wilfried Korby

1. Auflage
1 5 4 3 2 1 | 2009 2008 2007 2006 2005

Alle Drucke dieser Auflage sind unverändert und können im Unterricht nebeneinander verwendet werden.
Die letzten Zahlen bezeichnen jeweils die Auflage und das Jahr des Druckes.

Redaktion:
Ingeborg Philipp, Stuttgart
Zeichnungen:
Rudolf Hungreder, Leinfelden-Echterdingen

Entstanden in Zusammenarbeit mit dem Projektteam des Verlages.

Reproduktion:
MedienService Gunkel & Creutzburg, Friedrichroda
Druck:
Wirtz, Speyer

Printed in Germany

ISBN: 3-623-29535-3

9 783623 295350